Osprey Military New Vanguard
オスプレイ・ミリタリー・シリーズ

「世界の戦車イラストレイテッド」
33

イスラエル軍現用戦車と兵員輸送車 1985-2004

[著]
マーシュ・ゲルバート
[カラー・イラスト]
トニー・ブライアン
[訳者]
山野治夫

Modern Israeli Tanks and Infantry Carriers 1985-2004

Text by
Marsh Gelbert
Colour Plates by
Tony Bryan

大日本絵画

目次　contents

◎著者紹介

マーシュ・ゲルバート　Marsh Gelbert
防衛問題に通じるフリーランスのライター。イングランド北部生まれで、数年間を中東で暮らし、イスラエルの装甲車両開発に興味を抱く。ロンドン、キングスカレッジの軍事学の修士号をもち、近年はロンドンに居住、多数の軍事雑誌に寄稿する。

トニー・ブライアン　Tony Bryan
多年の経験をもつフリーランスのイラストレーター。工学の資格をもち多年にわたって軍事研究と開発に携わる。彼はまた軍事関連のハードウェア——装甲車両、小火器、航空機、艦船にも興味をもつ。Osprey社New Vanguardシリーズの多くの刊行物を含む、分冊、雑誌、書籍等に多数のイラストを発表している。

イスラエル軍現用戦車と兵員輸送車 1985-2004
Modern Israeli Tanks and Infantry Carriers 1985-2004

THE BACKGROUND SITUATION

背景

1973年のヨム・キプール戦争[訳注1]は、イスラエル国防軍に戦車と兵員輸送車は、携行式対戦車兵器[訳注2]に脆弱であることを教えた。戦争終結までに、シナイ半島の荒野と玄武岩の散らばるゴランの平原には、損傷した、あるいは撃破されたイスラエルの装甲車両の残骸が散乱していた。

このような惨劇を引き起こした歩兵火器には、対戦車用高性能炸薬（HEAT）が装備されていた。これらの弾頭には成形炸薬が使用されている。これは弾頭内で円錐形にあらかじめ成形されており、銅の内張りが施されている。目標に命中すると成形炸薬弾頭は爆発し、即座に銅の内張りを薄く、高いエネルギーをもつ糸状のジェットにして絞り出す。ジェットは毎秒8kmもの高速で前進し、鋼鉄を切り裂き、目標を破壊してその乗員を殺傷する。

イスラエル国防軍はヨム・キプール戦争から学んだ。1982年のレバノン侵攻[訳注3]までには、その戦車にはボルトオン式のブレーザー爆発反応装甲（ERA＝Explosive reactive armour）のブロックが装着された。これはとくにHEAT弾薬を減殺するよう設計されていた。ブレーザーは、斜めの角度をつけた2つの鋼板の内部に、鈍感な爆発素材の薄い層をサンドイッチしたものである。HEAT弾の命中でブレーザーブロック内部の爆薬が激発されると、ERAをサンドイッチしている金属板を、形成され始めた弾頭の破壊用

2000年に撮影された、イスラエル国防軍のM113装甲兵員輸送車。この例では、車長と兵員の頭および上半身を小火器から防護するための防盾が装着されている。装甲兵員輸送車は、RPGとその他軽対戦車火器には脆弱なままであった。

ジェットの軌跡の中に吹き飛ばす。ジェットの一貫性を撹乱することで、戦車の主装甲に到達する前にその破壊力を大きく減殺するのである。

1982年の侵攻で、ブレーザーは、当時使用された対戦車ミサイル（ATGM = Anti-tank guided missile）および戦車砲弾のHEAT弾頭を撃退した。その結果イスラエルの戦車は、ロケット推進擲弾《てきだん》（RPG = Rocket-propelled grenade）のような、歩兵用対戦車火器に対して良好に防護されたのである。しかしブレーザーは、部分的な解決法でしかなかった。ブレーザーは戦車砲から発射される、運動エネルギー弾（KE）〔訳注4〕に対抗できないのである。運動エネルギー弾には、タングステン〔訳注5〕や劣化ウラン〔訳注6〕のような重金属で製作された矢羽型の貫徹体が使用される〔訳注7〕。貫徹体はものすごい速度で飛翔し、ブレーザーで補完していてさえ、戦車の装甲を切り裂くことができる。

1982年の侵攻で、イスラエル軍の装甲兵員輸送車（APC=Armoured personnel carrier）――当時は主としてM113〔訳注8〕であった――は軽対戦車火器の脅威にさらされたままであった。第一世代のブレーザーは、2つの特性から、歩兵運搬車両には不適当であった。第一に重すぎた。第二にブレーザーモジュールが激発したときに、かなりの後方爆風が発生するのである。典型的なAPCの薄い装甲外殻は、損傷を被ることなくこれに耐えることはできないのだ。

生存性の高い歩兵運搬車両の開発は、極めて緊急に必要であったがそれ以外にも、いくつか特定の、しかし相互に関連する問題が、イスラエル国防軍機甲軍団を悩ませていた。

●堅牢な戦闘工兵車両の欠如。1982年の侵攻でイスラエル国防軍の困難は、野戦築城物や地雷原を啓開戦する能力をもつ戦闘工兵車両の生存性の欠如によって増幅された。

●低強度紛争（LIC）〔訳注9〕に適した、重装甲車両導入の必要性。1980年代以降、イスラエル国防軍はヒズボラ〔訳注10〕やその他の組織からの、決死のゲリラ攻撃に直面している。M113のような歩兵運搬車両はとくに脆弱であることが再び明らかになった。

このイスラエル国防軍のM113には、トーガ金属メッシュパンチングプレートが装着されている。このタイプのスタンド・オフ装甲は、機関銃およびRPGに対する防御力を向上させる。この写真は1990年代半ばに「ブラック・ホール」として知られるレバノン内のUNIFIL［訳注：国連レバノン暫定軍。1978年3月14日、レバノンに侵攻したイスラエル軍の撤退受諾を受け、南レバノンの平和と治安の維持のために1978年3月末に派遣された］陣地から、ショーン・カーチスによって撮影されたもの。

イスラエル国防軍戦闘工兵隊員が乗車したナグマショット。この写真は1980年代の半ばに撮影されたものである。この車体はオリジナルのセンチュリオンのサイドスカートを保持している。乗員コンパートメントの側面に装着された、無骨な地雷原用輪止めに注目。(IDF)

●イスラエルは彼らの戦車部隊が時代遅れとなり、とくに防護水準が不十分となりつつあることをますます理解している。国産のメルカバ(メルカバ戦車の開発および性能その他に関しては、本シリーズ Vol.26『メルカバ主力戦車 MKsI/II/III』を参照されたい)を例外として、ほとんどのイスラエル軍戦車は、1960年代までさかのぼる。イスラエルは彼らの旧式戦車のすべてを代替するため十分な数のメルカバを生産できないので、古参機材の生存性を向上する方法を見つけださねばならない。

訳注1:第四次中東紛争。パレスチナに流入したユダヤ人によるイスラエルの一方的建国以来の、第一次、第二次中東紛争に続いて、1967年の第三次中東紛争でみたび苦杯をなめたアラブ側は臥薪嘗胆して戦備を整え、イスラエルへ反撃する機会を狙った。これに対して度重なる勝利に驕ったイスラエル国内には、アラブをなめきり傲慢かつ弛緩した空気が漂っていた。それに冷水を浴びせたのが、第四次中東紛争であった。第四次中東紛争は1973年10月6日に勃発したが、この戦争は前回とは逆にアラブ側がイスラエルを奇襲した。エジプト軍は砲兵の支援のもとスエズ運河を渡り橋頭堡を築いた。イスラエル軍はすぐに奇襲の衝撃から立ち直り反撃した。しかしここでエジプト軍橋頭堡に突進するイスラエル軍戦車に襲いかかったのは、エジプト軍の新兵器対戦車ミサイルであった。なんとここでイスラエル軍は300両もの戦車を失ったのである。イスラエル軍は戦車重視の行き過ぎで戦車部隊の編成から歩兵を外したため、エジプト軍陣地に戦車だけで突進することになった。歩兵のいない戦車にエジプト軍は、対戦車ミサイル、そして接近してからは無反動砲、携行対戦車火器と集中砲火を浴びせた。さらには空軍も対空ミサイルで迎撃され大損害を受けた。しかしゴラン高原ではシリア軍の攻撃はイスラエル軍に阻まれ失敗に終わった。その戦いはシナイ半島とは全く反対となり暴露した状態で進撃するシリア軍のT-55、T-62が次々と撃破された。さらにここではイスラェル軍が航空優勢を握っており、その上シリア軍は戦車の攻撃に合わせて砲兵射撃を行うような調整能力が欠けていた。これにより北方での脅威がなくなったイスラエル軍は、シナイ半島に戦力を集中することができた。イスラエル軍は戦車のやみくもな突進をやめ、歩兵と戦車とが協調してエジプト軍陣地に攻撃をかけることにした。またスエズ運河の東に深く前進したエジプト軍には、砲兵と対空ミサイルの傘がとどかなくなっており、イスラエル空軍に叩かれそれ以上の前進は困難となっていた。10月16～24日にかけて、イスラエル軍はスエズ運河北部で、エジプト軍を排除してスエズ運河西岸への逆渡河に成功した。これによりスエズ運河を東に渡っていたエジプト軍部隊は逆に包囲される恐れさえ出てきた。しかしこの後国連の調停があり、第四次中東紛争は11月11日に停戦となった。イスラエルは粘り腰で、敗北を引き分けに持ち込んだ。
訳注2:第二次世界大戦中のドイツ軍のパンツァーファウストや、アメリカ軍のバスーカ・ロケットランチャーを起源とする、兵士がひとりないし数人で取り扱える軽易な対戦車兵器。これら無誘導のロケットに加えて第二次世界大戦後には対戦車ミサイルが加わった。アラブ側が使用した火器としては、RPG-7とSA-3サガーが有名である。RPG-7は、パンツァーファウストの子孫といえる肩撃ち式の対戦車ロケット弾発射器で、簡便ながら高い威力をもち、現在に至るまで世界各地で広範囲に使用されている。AT-3サガーは車載および数人のチームで運用可能な対戦車ミサイルである。AT-3サガーというのはNATOコードネームで、ソ連側の名称はマリュートカである。第一世代の対戦車ミサイルで射手がミサイルと目標を見ながらコントローラーを使用してミサイルを有線で誘導する。
訳注3:パレスチナ解放のためイスラエルへの闘争を行っていたパレスチナ解放機構は、1970年代後半から主としてレバノンを根拠地としていた。イスラエルはパレスチナ解放機構の軍事根拠地を破壊するため、1982年6月6日にレバノンへ侵攻した。イスラエル正規軍の攻撃によって、パレスチナ解放機構はレバノン撤退を余儀なくされた。
訳注4:弾頭のもつ速度や質量といった運動エネルギーによって目標を破壊する弾頭のこと。これに対して成形炸薬弾は、化学エネルギー弾と呼ばれる。
訳注5:原子番号74、元素記号はW。タングステンとはスウェーデン語の重い石という意味である。極めて堅く融点が高い。純粋なタングステンは銀白色で延性がある。主として堅くて靭性のある鋼合金の製造に用いられる。

訳注6：原子番号92、元素記号はU。質量数234、235及び238の3つの同位体が天然に存在する。ウラン／ウラニウムは核兵器や原子力発電の燃料として使用されるが、核分裂を起こすのはウラン235だけである。しかしウラン235は天然には0.72パーセントしか存在しておらず、ほとんどは同位体のウラン238である。ウラン235を核兵器や燃料用に使用する場合、核分裂を起こすウラン235の比率を上げるためにウランを濃縮する必要があり、このとき副生成されるのが劣化ウランである。ウランはタングステンよりも密度や強度が高い。タングステンが希少金属なのに対して、劣化ウランはいわば残りかすであり、ウラン濃縮を行う国にとっては容易に使用できる材料となる。ただし劣化ウランにも微弱ながら放射性があり、また毒性もある。現在コソボやイラクでは、劣化ウラン弾の使用によるとみられる健康被害が問題になっている。

訳注7：有翼安定装弾筒付徹甲弾。現在の戦車の主要な弾薬で、弾芯はタングステン等の堅い金属で作られ、細長い矢羽状の形状をしている。直径は30～40mmしかなく、発射のために周囲には砲口から発射された直後に脱落する装弾筒が取り付けられている。細長いためライフル砲弾のように旋転で安定させるのは困難で、小翼で方向安定を得ている。

訳注8：1960年代にアメリカ軍に採用された装甲兵員輸送車で、西側のこの種車両の標準となった。箱型のアルミ合金製軽車体をもち、車体後半の戦闘室に兵員を収容し、後部のランプ式ドアから乗降する。全装軌式で（当時としては）機動力に優れ、また、浮航性をもつ。

訳注9：Low intensity conflict。世界大戦や地域紛争のいわゆる国家間の戦争ほど激烈ではないが、主として第三世界におけるゲリラ活動、テロ活動、内戦といった対立する国家、集団間の政治的、軍事的紛争。

訳注10：レバノン南部で活動するイスラム教シーア派の民兵組織。レバノンにおけるイスラム国家の建設とこの地域からの非イスラム教徒の排除を目標として、イスラエルに対して武装による解放闘争を進めている。なおヒズボラとは「神の党」の意味である。

INFANTRY AND ENGINEER VEHICLES

歩兵および工兵車両

短期的な解決手段――M113のアップデート

Short term solution — Updating the M113

イスラエル国防軍では、約5900両のM113が運用されている。予期しうる将来の間、それらはイスラエルの基盤的な歩兵運搬車両に留まるであろう。M113は運用能力、信頼性が高く、比較的に安価であるが、いたるところにあるRPGのような火器に脆弱である。RPGは中東全域で正規軍や反乱軍に見いだせ、簡単に携行でき安価な撃破手段である。典型的なRPGは、350mmの均質圧延装甲板〔訳注11〕を切り裂くことができる。

RPGのような近代的軽対戦車火器はまた、ますます洗練されつつある。それらはいまやしばしば、ERAを無効化できるタンデム弾頭を装備している。これは最初の弾頭が爆発すると、ERAブロック〔訳注12〕を吹き飛ばす。そして二番目の弾頭が戦車の主装甲を貫徹するのだ。典型的な新世代の弾頭は、RPG-7VRに取り付けられている。これは戦車の車体から爆発反応装甲を引きはがすことができ、それから600mmの均質圧延装甲板を貫徹する。初期のRPGでさえ、イスラエルのM113装甲兵員輸送車の防護用アルミニウム装甲には、絶望的なまでに過大な威力だ。その装甲板の厚さは44mmしかないのだ。

こうして圧倒的な非難に直面したM113は、イスラエル軍では急速に移動野戦火葬場という評判を獲得していった。

1982年のレバノン侵攻とそこでイスラエル国防軍の機械化歩兵がRPGによって被った犠牲の例にしたがって、イスラエル国防軍はその歩兵輸送車両の期待される任務と実際の性能の再評価を行った。イスラエルはAPCはその機能の観点から、戦車よりも大きな危険が予期しうると結論づけた。戦車は目標を遠距離からの火力で制圧できるが、一方装甲兵員輸送車はその歩兵を同じ目標に輸送するため、射界を横切らなければならないのだ。

イスラエルはその犠牲に極めて敏感なので、射界を横切ることができ、少なくとも戦車と同じくらい良好な生存の機会をもつような、重APC――突撃輸送車両が必要であった。このような車両は存在しない。ゼロから設計することが必要であった。

■イスラエルの装甲の開発
イスラエルの開発したすべての追加装甲は、均質圧延装甲鋼板に比較して、改善された防護を提供するとともに重量を削減する。イスラエルは、均質圧延装甲を補完するために導入した装甲の4つの世代について言及している。
車体に装着されたアップリケ装甲（アップリケ・アーマー）の正確なタイプは、装甲モジュールに取り付けられた一連の小さな円盤を調べることで発見しうる。この円盤の直径は5cmほどで、使用されたアップリケ装甲の世代を示すいくつかの垂直の線が浮き出ている。2本の線は第二世代の装甲であることを示し、3本の線は第三世代といったぐあいである。
第一世代の爆発反応装甲はブレーザーとして知られるが、より改良された形態と改善された内容物をもつ、すくなくとも2つのタイプに進化している。第二世代の装甲は異なる素材、おそらくセラミックと柔軟材とアルミニウムが組み合わされたものであろう。本体の装甲と外付けされる複合装甲を組み合わせた構造をもつパッシブ装甲のこの世代は、その表面に見える大きなボルトとリベットで特徴づけられる。
第三世代の装甲は、高性能のパッシブ積層材からなる。これは比較的になめらかな表面をもつ。第四世代の装甲は、パッシブ装甲の厚い層の間にサンドイッチされたいくつかの内蔵反応層の組み合わせであろう。このような複合タイプは、装甲の各タイプが他のものの効力を増大させるのである。

予防策として、M113の生存性を向上させるための死に物狂いの努力が行われた。「トーガ」〔訳注13〕の名で知られる小穴が開けられた金属メッシュ装甲スクリーンを、イスラエル国防軍の何両かのM113の側面および前面に装着したのである。これらのスクリーンは、M113の基本アルミニウム外殻より約250mm離されて取り付けられており、一種のスタンド・オフ装甲の役割を果たす〔訳注14〕。

トーガは小火器射撃および榴弾の弾片に対しても、ある程度の防護を与える。これらの破片がメッシュにあたったとき、メッシュのスクリーンと主装甲間に250mmの距離があることで、破片が旋転、偏向するスペースが得られるのだ。これによって弾片はM113車体に命中する前に、貫徹力を減殺される。付加重量は約800kgで、トーガを取り付けたM113は、14.5mm徹甲機関銃弾を跳ね返すことができる。

トーガはまた、RPGタイプの対戦車火器に対しても、その弾頭をあらかじめ爆発させることで、部分的な防護策として働く。もし火器のHEATジェットが、トーガを装備したM113をなんとか貫徹するだけであれば、そのとき円錐形をした殺傷域は、その進入軸に対しておよそ110度から30度に狭まる。これは生存性を増大させる。ただし悪いときに悪い場所に座った乗員ないし兵員にはあまり快適ではないだろうが。

イスラエルがM113シリーズに対して行った最も根本的なアップグレードは、軽量の爆発反応装甲の装着である。M113に使用された新型爆発装甲は、2つの分割されたサンドイッチを使用したハイブリッド型である。最初のサンドイッチは、鋼板の中に入った薄い爆薬でできている。続くサンドイッチは、鋼板の二番目のセットの間に保持された弾力性をもち爆発性のない充填材からできている。この組み合わせによる新しい配列は、RPG弾頭や同様の脅威を無効化できる。こうして作られた「クラシカル」として知られる機材は、しかしその高価格のため、限定的な数が製作されただけであった。

訳注11：材料をローラーの間を通しておしつけて延ばした鋼板から作られる装甲板。
訳注12：原文はERA bricks。ブリック（brick）は一般的にれんが状の塊を指すが本書ではブロックと訳す。
訳注13：長い布を巻き付けた古代ローマの外衣、職服。
訳注14：成形炸薬弾頭に対する防護策のひとつ。成形炸薬弾頭は装甲板とある一定の距離で最も強力な貫通能力を発揮する性質をもつことを応用している。主装甲板の手前にもうひとつの装甲板を配置することで、弾頭は早期に発火して主装甲との距離が変わり被害が軽減される。

M113の代替物
Alternatives to the M113

M113の可能な代替物として、イスラエルの軍需産業のラファエル社は、ブラッドレー歩兵戦闘車（IFV=Infantry fighting vehicle）〔訳注15〕を改修した。彼らはブラッドレーの複雑でかさ張る砲塔を撤去し、比較的にシンプルな頭上火器システム（OWS=Overhead weapon stations）に取り替えた。そしてラファエル社は大規模なアップリケ・アーマーモジュールを追加した。砲塔を撤去したことで重量が節約されたが、アップリケ・アーマーモジュールの負荷は、車体の懸架装置に過大であることがはっきりした。

イスラエルの要求に合致した車両はどこにも存在しないので、重歩兵運搬車両のために彼ら独自の設計を進めることが強いられた。理想的な解決法は、フロントエンジンのメルカバ戦車を新しい運搬車両のベースとすることである。実際メルカバ1が運用されてすぐに、新戦車の1個小隊を試作重APCとして再製作した。

メルカバをベースとした運搬車両は、非公式の名称――「ナンメル」さえ与えられた。ナンメルとは、ヘブライ語で虎という意味である。しかしこの場合は、ナグマシュ（輸送車）とメルカバ（戦車）を一緒にした頭字語である。このプロジェクトは高価なこととメルカバ車体を戦車として使用することが優先されたため停止された。

その後、イスラエルは歩兵と戦闘工兵が使用するための、センチュリオン〔訳注16〕をベースとした一連のストップ・ギャップを作り出した。イスラエル国防軍は何両かの旧式のセンチュリオン戦車から砲塔を撤去し、そのスペースを使用して箱型で傾斜した上部構造物を有する新しい戦闘室を製作した。こうした転用は、第二次世界大戦中の先祖にちなんで、しばしば「カンガルー・キャリアー」と呼ばれる〔訳注17〕。最初のイスラエル国防軍のセンチュリオン・カンガルーはナグマショットとして知られるが、1980年代初期に出現した。ナグマショットは後部乗降口をもたなかった。その6人の歩兵分隊は、装甲車車体の側面を乗り越えて降車しなければならなかった。これはあまりにも多くの戦術的不利益をもたらし、車体は歩兵部隊よりも主として戦闘工兵に使用された。

訳注15：アメリカ軍がM113に代わるべく開発し1980年代から運用が開始された車両。最大の特徴は、砲塔に装備された機関砲と対戦車ミサイルで、歩兵を輸送するだけでなく支援火力を提供できることから歩兵戦闘車と呼ばれる。M113よりは洗練されているが基本的には構造は同じで、箱型のアルミ合金製軽車体をもち、車体後半の戦闘室に兵員を収容し、後部のランプ式ドアから乗降。全装軌式で機動力に優れ、浮航性をもつ。現在は防御力が強化された改良型が使用されている。
訳注16：第二次世界大戦末期にイギリスが開発した重巡航戦車が原型。その後改良が続けられ長い間イギリス軍、その他多くの国で主力戦車として使用された。攻撃力、防御力に優れるが、機動力は若干劣っていた。
訳注17：第二次世界大戦中、イギリス軍は主に旧式化した戦車の車体を改造して装甲兵員輸送車を多数製作した。改造は簡易なもので、砲塔を撤去してその跡を兵員室とした程度であったが、旧式化したとはいえ元は戦車であり、ごく薄い装甲しかもたない装甲兵員輸送車に比べて高い防御力をありがたがられた。アメリカ製のスチュアート軽戦車、カナダ製のラム中戦車、アメリカ製のプリースト自走砲等が使用されたが、これらは総称してカンガルーと呼ばれた。

ラファエルOWSの脇で待機する女性教官。教官の防弾ベストとタイプ602ヘルメットに注目。OWS用光学サイトが銃身の下に見える。火器の左側に見える表面に刻みのついたホイールはサーチライトのマウントである。

アチザリット歩兵突撃車両
The Achzarit Infantry Assault Carrier

重く生存性の高いAPCを見つけだすよりもよい解決法は、イスラエル国防軍の保管倉庫で見いだされた。1967年以来、イスラエルは何百もの捕獲したT-54およびT-55戦車〔訳注18〕を保有していた。これらはアチザリット重突撃車両のベースを形作ることになった。アチザリットの製作会社であるNIMDAは、開発作業を1980年代の始めに開始した。運用試験は1989年に開始された。

アチザリットは低姿勢で高さは2mしかない。親車体のT-54・T-55戦車の砲塔は撤去され、新しい戦闘室が作り出された。これは車体側面に積み上げ、そして乗員の頭上に防護を与えるような形でなされた。エンジンは交換され、横向きに再配置された。後ろから見ると、新しいパワーパックは、車体左側後部に位置する。

横置きにしたことで、エンジンの脇に、戦闘室から油圧で作動するクラムシェル（貝殻）型後部乗降口・ランプに通じる、細い乗員用の回廊を設けるスペースが得られた。この設計の欠点は、クラムシェル型ドアが開けられると、部隊が降車中であるらしいことを敵に示してしまうことである〔訳注19〕。

アチザリットの後部出口はトランスミッション上に位置している。これは車体から降車するとき、一度少し上らなければならないことを意味している。実際にはこれは気になるほどではなく、歩兵はアチザリットから非常にすばやく飛び降りることができる。長い降車ランプには、表面に滑り止めのリブが設けられており、兵士が車体から降りるときに足元を確保することができる。

3名の乗員は車体前部に位置する。後ろから見ると、左から右に、操縦手、車長、そして機関銃手である。操縦手と機関銃手には、十分な視察ブロック、ペリスコープが配置されているが、車長にはない。車長が状況を把握し続けるためには、明らかにハッチを「傘上げ」位置［訳注20］に固定して開いて置かなければならない。これは適当な全周視界が得られる一方で、相当な頭上防護を与える。しかし車長の前右側には、ラファエルOWSが彼の視界を遮っているため死角がある。

通常7名の歩兵が収容される。兵員室の後部左側にシンプルなパッドの入ったベンチがある。このベンチのすぐ右後部に1名用の折り畳み式座席がある。車両の右側面に沿って、さらに3名分の1名用の折り畳み式座席がある。

訳注18：ソ連が第二次世界大戦後、最初に採用した戦後第一世代の主力戦車で、100mm砲の採用による（当時としては）強力な攻撃力、極めて良好な被弾経始を持つ車体、砲塔による強靭な防御力、優れた機動力と三拍子そろった主力戦車であった。ソ連以外に東側、第三世界に多数供与され、アラブ軍でも使用された。
訳注19：ドアは車体上部よりも高い位置まで開くので、前方からでさえそれがわかってしまう。
訳注20：ハッチをほんの少し持ち上げた位置で固定するポジション。ハッチとハッチカバーの隙間から肉眼で周囲を見ることができる一方、頭上はハッチでカバーされるので安全となる。

防御力

アチザリットは現在運用されている中で、最良の防御力をもつ歩兵運搬車両であり、通常型の歩兵戦闘車を破壊できる、HEATおよび運動エネルギー弾に抗堪しうる。製造業者によれば、本車は前面部への125mm運動エネルギー弾の複数弾の命中に抗堪することができる。車体の重量は44トンで、歩兵運搬車両としては例外的な大重量である。実際、本車の重量のうちの14トンもが、付加の先進型装甲であることは、その防護力の高さを示している。

装甲は前部に集中されているが、アチザリットはコンポーネントパーツが、その全体的な生存性の向上に貢献するよう、注意深く設計されている。兵員室の左右側面のディーゼル燃料タンクは、スペースドアーマー［訳注21］の役割を果たす。後部側面はトーガ装甲メッシュプレートでカバーされている。これらは部分ごとに分かれ、ヒンジ止めされている。これによってできたメッシュと車体外殻との細い隙間は、担架や水コンテナのような装備の収容スペースとして使用されている。

乗員の生存性を高めるために、多面的な努力が図られている。ハロンガス［訳注22］を使用したスペクトロニック火災検知、消火システムが装備されている。乗員と兵員には、個人用NBC（Nuclear bacterial chemical＝核、生物、化学兵器）防護装置が装備されている。そして各々6本の発煙弾をもつ、イスラエル・ミリタリー・インダストリー（IMI）社製CL-3030、瞬発式煙幕展張用発煙弾発射器2基が装備されている。これに加えてアチザリットは、煙幕展張のためにエンジン排気に燃料を噴霧することができる。

訳注21：装甲板に間隔を開けて装備することで、主に成形炸薬弾の貫徹力を減殺することを意図したもので、第二次世界大戦中のドイツ軍戦車の装備したシュルツェン（スカート）もその一種である。
訳注22：ハロゲン化物を含むガスで、ガスが炎に触れると負触媒作用と呼ばれる化学反応によって燃焼反応を抑制して消火する。人体に比較的安全で、消火による汚染がないことが大きなメリットである。しかし現在では、オゾン層の破壊など公害問題があることから、世界的に生産や使用、あるいは輸出入を厳しく制限する傾向にある。

攻撃力

アチザリットの武装の第一の目標は敵歩兵である。NIMDA社はもともとは、アチザリットに3基のラファエルOWSを搭載することを企図した。OWSは、モジュラー設計で各々7.62mm機関銃か12.7mm機関銃が装備される。OWSに代えて、40mm擲弾発射器も装着できる。しかし予算上の制限で、標準的にはFN7.62mm M240機関銃が取り付けられた、たった1基のOWSしか装備されていない。

OWSの重量は160kgにすぎず、最小限の内部の足場しか要しない。OWSは射手が完全に装甲に隠れて遠隔操作式に射撃することができ、また頭と体をハッチから出して射撃することもできる。装甲下から射撃する場合には倍率等倍のペリスコープを使用する。これは25度の視野をもつ。照準補正のため、明瞭に照らし出され照準整正された赤い輪がある。これによって射手は、すばやく直感的に旋回させ交戦することができる。

主照準器の右側には、8倍の倍率と射撃距離スケールをもつL字型サイトが取り付けられている。両照準器ともに、第二世代の映像強化装置〔訳注23〕が装備されており、夜間使用可能である。さらにアチザリットは、シンプルなピントルマウントに装着される3基までのFN7.62mm機関銃と、少なくとも1基の天井装備式の60mm迫撃砲を携行する。迫撃砲は照明弾、発煙弾および対人榴弾を発射するために使用される。

訳注23：いわゆるスターライトスコープ。微弱な光を増幅して星明かりの中でも物体を識別することができる。

機動力

おそらくアチザリットの大きな欠点は、比較的にアンダーパワーなことであろう。共通性と兵站支援の目的から、アチザリットのパワーパックは、イスラエル国防軍に広く使用されているM109自走砲〔訳注24〕に使用されているものをベースにしている。NIMDA社はより能力の高いエンジンを装着可能であったが、予算が許さなかった。

最初の生産型は、出力650馬力のデトロイト・ディーゼル8V-7I TTAディーゼルエンジンにアリソンXTG-411-4トランスミッションの組み合わせを使用した。この組み合わせは、14hp/tという低い出力重量比をもたらすことになった。その結果NIMDA社は、より強力な8V-92TA/DDCIIIエンジンにXTG-5Aトランスミッションの組み合わせを有するアチザリット2を導入した。これは850馬力を生み出すことができ、出力重量比は19.3hp/tとなる。

改良されたサスペンションのおかげで、アチザリットは良好な不整地機動力を披露してくれる。これはT-54・T-55のオリジナルから、イスラエル企業のキネティック社によってアップグレードされたものである。これには近代化されたトーションバーが組み込まれている。第1、第5転輪には高い能力をもつ油圧パンプストップが取り付けられており、転輪のトラベル長は98mmから200mmに増大している〔訳注25〕。おそらく乗り心地にもっと重要なのは、新しい油圧式バンプストップが、エネルギーの吸収力をなんと750パーセントも増大させたことである。

訳注24：1960年代にアメリカ軍に採用された自走榴弾砲で、西側のこの種車両の標準となった。箱型のアルミ合金製軽車体に、前部にエンジン室と操縦室、後部に戦闘室を設け155mm榴弾砲を装備した全周旋回式砲塔を搭載している。
訳注25：転輪が上下動する範囲のこと。おおざっぱにいってこの範囲が大きければ、地形への追従性や衝撃吸収性が良くなり、機動性が向上する。

アチザリットの運用

約200〜300両の重突撃輸送車が、運用されていると見積もられている。アチザリット大隊は各々約36両の標準型と1両の指揮車から編成される。

アチザリットは諸兵種連合部隊の突撃輸送車として使用するために、特別に仕立てられている。その設計はゴラン高原からダマスカスの間の、強力なシリア軍の防衛陣地帯で生き残るよう最適化された設計となっている。しかし、アチザリットの実際の運用は、レバノン内やパレスチナ戦士に対する、低強度紛争に限定されている。

2002年のパレスチナの都市での戦闘中には、イスラエルの犠牲の多くは、取り囲むビルから撃ち下ろすスナイパーによるものであった。M113およびその他のAFVの車体上からの機関銃手の射撃は、非常に危険であった。アチザリットはそのOWSを、射手が安全な装甲下に留まったままで、パレスチナ陣地に対して撃ち込むことができた。2002年3月29日の金曜日に実行されたインティファーダ［訳注26］に対する作戦［訳注27］では、アチザリットの活動が目立った。イスラエルのスーパーマーケットでの爆弾事件の後、アチザリットはヨルダン川西岸ラマラ自治区のヤセル・アラファト［訳注28］パレスチナ暫定自治政府議長府の襲撃に参加した。

訳注26：1987年末を最初としてガザ地区、ヨルダン川西岸地区のイスラエル占領地で度々発生した住民蜂起。インティファーダとはアラビア語で反乱を意味する。当初はデモ、ストライキ、ボイコットといった、せいぜい投石を伴う程度の穏健な不服従運動であった。しかしイスラエル軍の発砲により多数の犠牲者を出す結果となり、これに対する反発からその後過激化した。
訳注27：イスラエルは2002年3月29日に大規模な軍事作戦「防御の壁」を実行してヨルダン川西岸へ進攻し、ヘブロンとエリコを除くパレスチナ自治区の主要な都市を再占領した。
訳注28：1929年エルサレム生まれ。ガザ地区で育ちイスラエルの占領によりエジプトに逃れ、その後1950年代終わりにパレスチナ解放運動に加わる。1969年にパレスチナ解放機構（PLO）議長となり、以後パレスチナ解放運動で指導的役割を果たす。1993年のパレスチナ暫定自治協定とその後の選挙の結果、1996年にパレスチナ暫定自治政府（PA）議長となる。2004年11月死去。

バリエーション

数百両の先行生産車体が、まだ運用されている。これらの主要な相違点は、側面および前面のリベットの目立つ装甲である。これはイスラエルの典型的な第二世代のパッシブアーマーである。これに加えてこれらには、1基ではなく2基のラファエルOWSが装備されている。

アチザリットには指揮バージョンがある。外見上目立つのはOWSを欠くことと、追加の通信アンテナの取り付け部である。

プーマ戦闘工兵車両
The Puma Combat Engineer Vehicle

プーマは1991年に運用が開始されたが、当初から戦闘工兵車両として最適の設計が行われ、間に合わせのナグマショットを代替した。プーマの仕様はナグマショットに類似していたが、低くかさ張らない戦闘室を有していた。エンジンは後部に配置されたままで、車体へのアクセスは天井部の3つの大型ハッチから行われる。主ハッチは兵員室用である。その前には車長用のドーム型をしたウルダンタイプ［訳注29］のハッチがあり、全周視界と頭上の防護を提供している。射手は車長用ハッチのそばに専用のハッチがある。4番目のハッチは、前面板にあり操縦手用である。

大きく開いた金属フレームの装具バスケットは、戦闘室の後部にエンジンデッキに被さるように、ただし排気グリルを避けて配置されている。2つのクイックリリース式乗降用梯子が車体の片側、エンジンの吸気フィルター後方向きに取りつけられている。

「プーマ」という名前は、ヘブライ語の「地雷啓開工兵車両」の頭字語である。プーマの主要な機能は、火力で重防御された地域の地雷原を通って通路を啓開し、機甲部隊に行動の自由を与えることである。これを可能とするため、プーマにはRKM地雷処理ロー

2002年にテル・ハ・ショメル兵器廠で撮影された、薄汚れた先行生産型アチザリット。これらの初期型車体は、側面および前部に見られる目立つリベット止め装甲と、2基のOWSを装備していることで識別することができる。

ラーの取り付け部が装備されている。それに加えてドーザーブレードも、しばしばプーマの前部に装着される。

RKM地雷処理ローラーは、ロシアのKMT-5装置をベースにしているが、より良好な性能を有している。RKMシステムは2つの履帯幅のローラーからなり、各々は押し出し式の腕に2列に固定されている。ローラーはその重量で地雷を爆発させ、ローラーの間につるされた重い鎖は、プーマの車体下部で爆発する、突き出したロッドで爆発する地雷に対処する手段である。

サスペンションアームとローラーは、地雷の爆発力を消散させるのを助けるために関節式になっている。ローラーの取り付けには約15分かかり、2人の人員と標準的な吊り上げ装置が必要である。緊急時にはローラーはプーマ車内から、手動で切り離すことができる。これには約30秒を要する。

プーマには現在、燃料気化爆発を使用したさらに近代的な地雷啓開システムを装着できる。この装置はカーペットとして知られるが、プーマの後方に取り付けるか、牽引することが可能である。カーペットは20発までのロケットを1分以内に発射できる。各ロケットは目標地域上に燃料の微粒子を噴霧し、空気と混合して爆発性の混合気を形成する。着発するとその結果生じた爆風は、その下にあるすべての地雷を爆発させる。

カーペットは100mの長さの通路を啓開するよう設計されており、地雷原の端から65～165mの距離より発射することができる。再装填以外のすべての操作は、車両の防護下から行うことができる。カーペットの再装填には2名を要する。各ロケットの重量は約46kgで、長さは1.32mである。20発の投射体と関連マウントブラケットを含めたロケットポッドの総重量は約3.5トンである。ポッドは幅3m、奥行き2m、高さ1.32mである。

何両かのプーマには、AMMASとして知られる、先進的地雷原マーキングシステムが装着されている。AMMASは車体の片側にボルト止めされたドラム状のマガジンが組み込まれたシステムで、マガジンにはマーカーが収容されている。マーカーは伸縮式の腕で地上に撃ち込まれ、戦車の後に安全な通路の輪郭を示す。

訳注29：ウルダン・インダストリーズ社製の背の低い司令塔（キューポラ）。ウルダン・インダストリーズはイスラエル国防軍向けに戦車用鋳造部品やAFV用増加装甲、地雷除去ローラーなどを生産している。

防護力

ブレーザー・リアクティブ・アーマーブロック（ブリック＝塊）を装備しているナグマショットと異なり、プーマの生存性は前面板とその他脆弱部位に装着されたパッシブ・アーマーアレイ（列）［訳注30］を基礎にしている。重特殊装甲サイドスカートが標準となっており、これらによって走行装置の安全が図られている。プーマの後部側面装具ラック周囲には、防護力を追加するトーガタイプのパンチングプレート・スチールメッシュが装着されている。また、最近、車体前部右側、操縦手席回りに追加装甲が装着されている。

プーマは各々6本の発煙弾を有するIMI CL-3030発煙弾発射器を装備している。

訳注30：弾道防護力をもつ複合ないし積層素材の装甲板。

火力

イスラエル国防軍のすべての戦車ベースの輸送車同様、その火力は敵歩兵に対して使用するために最適なように設計されている。このため突破作戦中には敵戦車に対処するため、主力戦車がプーマを支援する。プーマには3基の7.62mm機関銃が装備されている。2基はシンプルなピントルマウントに搭載され、3基目はラファエルOWSに搭載されている。歩兵に対して使用するため、天井に装備する60mm迫撃砲3基が搭載されている。

機動力

プーマの初期型には、「ショット」として知られるセンチュリオン戦車のアップグレードバージョンと同じ、750馬力のパワーパックが使用されている。ジェネラル・ダイナミックス・ランド・システムズADVS-1790-2AディーゼルエンジンにアリソンCD-850-6トランスミッションである。後期型プーマには、メルカバ1と同じパワーパック、900馬力のADVS-1790-6Aエンジンと、アップグレード型CD-850-6トランスミッションの組み合わせが採用されている。後者にはメルカバ用大型履帯が取り付けられている。

何両かの初期の車体は、オリジナルのセンチュリオンのサスペンションのままであるが、プーマの走行装置はメルカバ2の独立懸架システムが装着されてアップグレードされている。これはプーマが荒れた地表に対処することを助けている。プーマの新型サスペンションによる全転輪トラベル長は約600mmで、もともと取り付けられていたものの2倍以上

プーマのクローズアップ、1996年撮影。重アップリケ・アーマーと2基の発煙弾発射器とともに、ラファエルOWSが引き立って見える。2本の牽引用ケーブルが、車体側面に取り付けられている。

ナクパドンと、センチュリオンベースのナグマチョン輸送車、2000年に撮影。ナクパドン輸送車のさらに左の車体は、アップリケ・アーマーモジュールが取り外されているのを見ることができる。中央のAFVがナクパドンで、右がナグマチョン。

で、良好な衝撃吸収力をもつ。プーマの重量は50トンと見積もられており、おおざっぱにいって出力重量比は18hp/tとなる。本車は機動力に関してはアチザリットよりある程度よい評判を得ている。

プーマの運用

プーマの戦闘記録については、イスラエル当局からはいかなる情報もリリースされていない。本車はレバノンでのヒズボラゲリラとの戦いで大きな役割を果たしたことが知られる。

イスラエル支配地域であった南レバノンのいわゆる「安全保障地帯《セキュリティゾーン》」内で、イスラエルの監視哨は広く点在しており、しばしば荒れ地に位置しせいぜい泥道でしか連絡されていない。プーマはその重防御力をもってして、イスラエル国防軍強化陣地間のコンボイ護衛に使用された。

本車は地雷処理と、切り開かれた道の切り通しや張り出しといった、チョークポイントの道路の拡幅に有用であることが証明された。プーマはこの任務を、鈍足だが良好に防護されているナグマチョンやナクパドン低強度紛争（LIC）用輸送車に取って代わられた。

プーマはより通常の諸兵種連合作戦に適したように設計されているが、2002年夏のパレスチナのインティファーダに対して多く運用された姿が見られ、そこではOWSが都市戦闘に有用なことが証明された。

バリエーション

少数のプーマが装甲回収車両に転換された。本車は通常プーマRAMと呼ばれる。これらの回収車両は、その後部デッキ上にクレーンが装備されている。

ナグマチョンとナクパドン
The Nagmachon and Nakpadon

20年にわたるイスラエルのレバノンへの介入は、激烈な低強度紛争を招いた。最高潮となったのは1995年で、イスラエル国防軍陣地と車両に対して、およそ700回の攻撃が行われた。これらの作戦は主としてレバノンのヒズボラによって遂行されたものであった。

通常前面に取り付けられているERAタイルを外したナグマチョン輸送車。戦闘室側面にはサメのエラのような斜めになったブラケットが設けられている。両側にある2基の発煙弾発射器と、どっしりとした組立式サイドスカートに注目。

ヒズボラは強い信念をもち、よく訓練されイランによって資金支援がなされていて、イスラエル国防軍に着実に犠牲をもたらすことができた。これは軍事的損失に極めて敏感な社会には、政治的に受け入れられるものではなかった。

1980年代初めから、ナグマショットはイスラエル国防軍にとって犠牲を縮小するために有用な重防護車両となった。その後イスラエルはとくにLIC作戦用に設計された改良型センチュリオンの改造型、ナグマチョンとナクパドンを導入した。ナグマチョンは1980年代終わりに、ナクパドンは1990年代初めに運用が開始された。

これらの車体の一部は既存のナグマショットから転換されたが、ほとんどは新たにセンチュリオンから改造された。初期の数百両のナグマチョンはM48戦車の車体から製作された。しかしこれらはセンチュリオンベースの車体より、地雷や道路脇の仕掛け爆弾に対して耐久力がより低いことがはっきりした。

ナグマチョンとナクパドンは、初めから暴動鎮圧作戦に使用するよう設計されており、より容積があり、ナグマショットよりいくらか高い戦闘室をもつ。ナグマショットと同様、これらには歩兵がそこから比較的に安全に降車できる適当な後部ハッチはない。歩兵は車体上部に配置されたハッチから上り出て、エンジンデッキを横切り、それから地上に跳び降りて降車しなければならない。

防御力

ナグマショットと比較したとき、ナグマチョン輸送車はより大量のERAを装着している。ナグマチョンには、また特別に重タイプのサイドスカートが装着されている。各々の車体サイドスカートは、7カ所の別々のセクションからなり、それぞれは2つのヒンジがあり、セクションを上部に180度、あるいは前または後ろに90度スイングすることができる。これは、全部のサイドスカートを取り外すことなく、個々の転輪へのアクセスを容易にするためである。

各サイドスカートの前部4セクションはとくに強力でERAが組み込まれている。サイドスカートの一番後ろの3つの部分は単なる鋼板で、しばしば垂直位置でロックされる。こうした方法で使用されている場合、この部分は兵士が戦闘室の後部から降車するときに部分的に兵士を防護する役割を果たしている。ナグマチョンはまた、地雷に対しても改善された防護力をもち、下部車体が補強されている。

また、生存性をさらに増大させるため、ナクパドンはより洗練されたアップリケ・アーマーモジュールを使用している。これらは前部、車体の戦闘室前面および側面に装着されている。これらの正確な内容は不明である。しかしIMI社は最近その最新のボルト止め装甲設計の詳細を明らかにした。これらはナクパドンに見られるモジュールと非常によく似ている。

新しいIMI製モジュールは、爆発反応装甲層がスチール、ゴムそしてセラミックの層に挟まれている。これらはサガータイプの対戦車ミサイル、RPG-7V弾頭の複数被弾、20mm徹甲弾（AP）に対する防御力を有する。ナクパドンのモジュールは少なくとも同様の防御力を有すると推測することができる。

ナグマチョン同様、ナクパドンもその強靭な波板状サイドスカートにはリアクティブアーマーが組み込まれている。ナクパドンのスカートは、おそらくセラミック板多数の積層で、ナグマチョンのものよりぶ厚い。サイドスカートの各セクションは、ナグマチョンのものと

ミフレツェットすなわち「モンスター」、2002年テル・ハ・ショメルで撮影されたもの。ミフレツェットはナグマチョンの改造型で、都市環境における低強度紛争用に適するように設計されたものである。慌ただしく造られたような醜い外観だが、有用だ。この車体はERAタイルの装着を待っている。

「ああ、勇士らは倒れた!」［訳注：聖書「サムエル記」からの引用］。かつてはイスラエル国防軍の屋台骨を支えたものの、2002年に撮影されたこのM60はいまやゴラン高原で標的として使用されている。ブレーザータイルの取り付け部から、この車体は以前マガフ6Bスタンダードに再生されたものであることがわかる。

カラー・イラスト

解説は49頁から

A1：南部ネゲブ砂漠での演習におけるアチザリット　1997年春

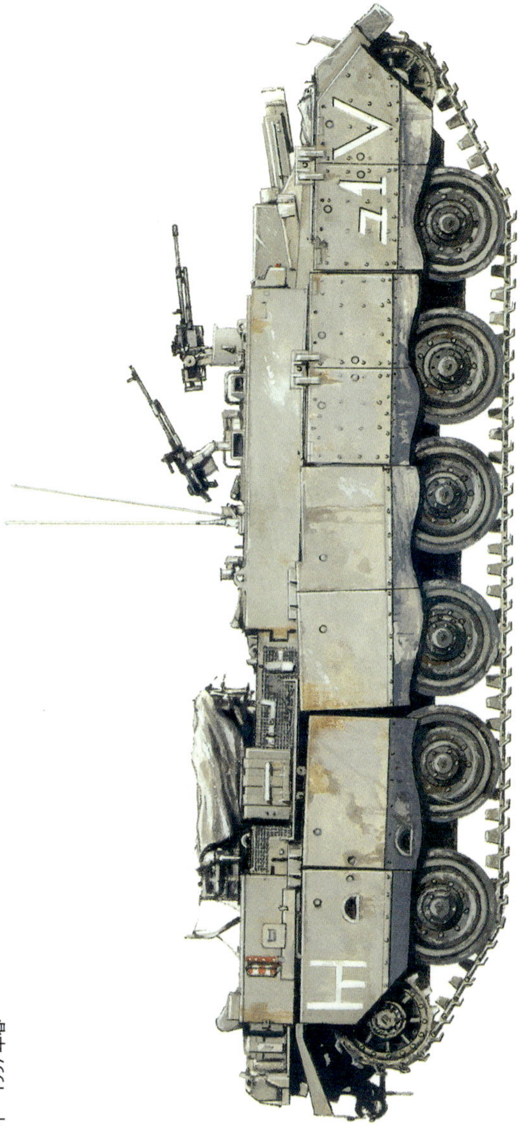

A2：上ガリラヤにおけるプーマ戦闘工兵車両　1995年

A

B1：リアクティブアーマー未装着のナグマチョン　2000年秋

B2：ガリラヤ、エルヤキム基地におけるナクパドン　2000年秋

C1：パレスチナの町、トゥル・カレムの近くを警備するマガフ7A
2002年7月

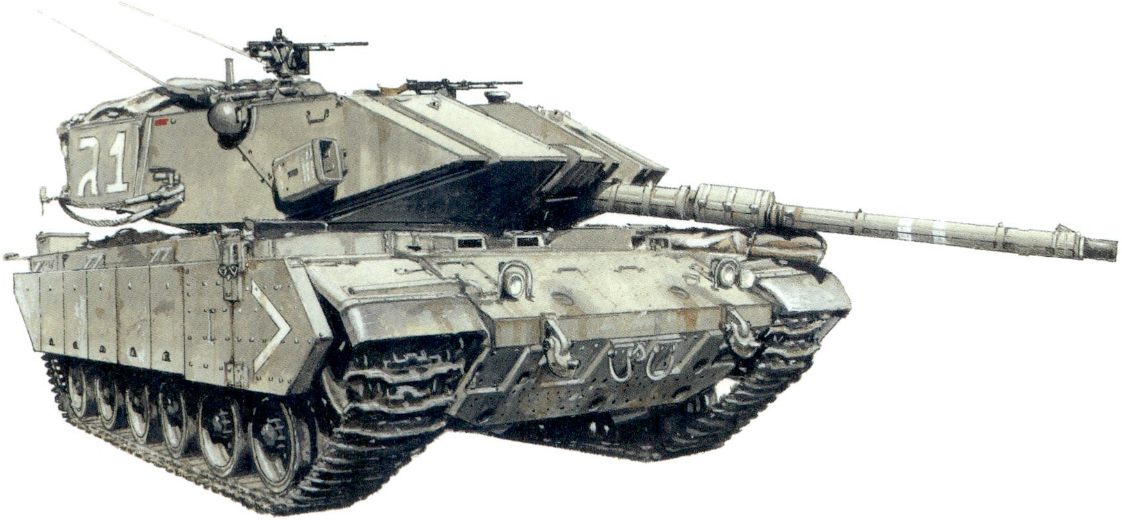

C2：エジプト国境近くで演習を行うマガフ7C　2000年秋

C

図版D

アチザリット

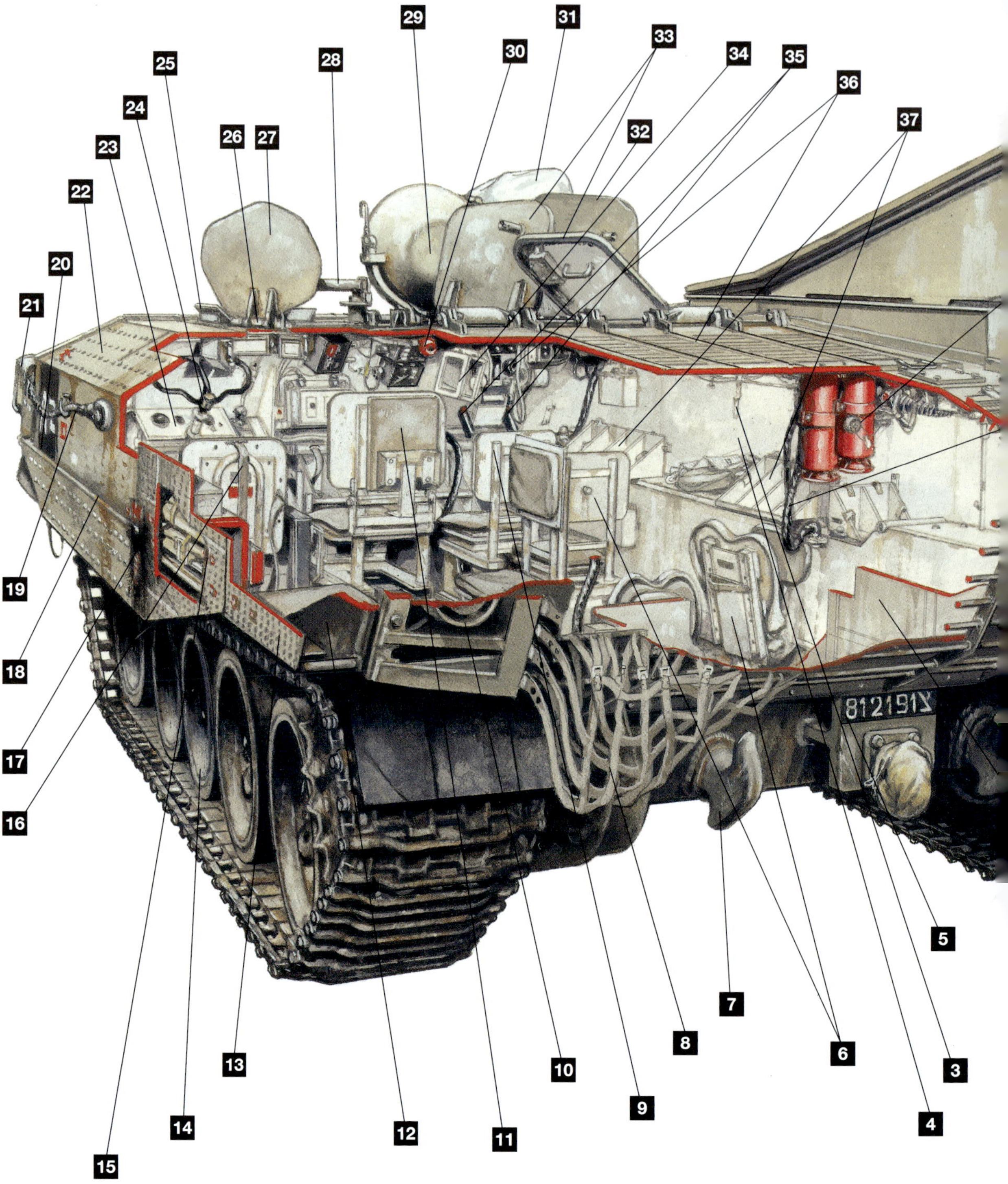

3
4
5
6
7
8
9
10
11
12
13
14
15
16
17
18
19
20
21
22
23
24
25
26
27
28
29
30
31
32
33
34
35
36
37

D

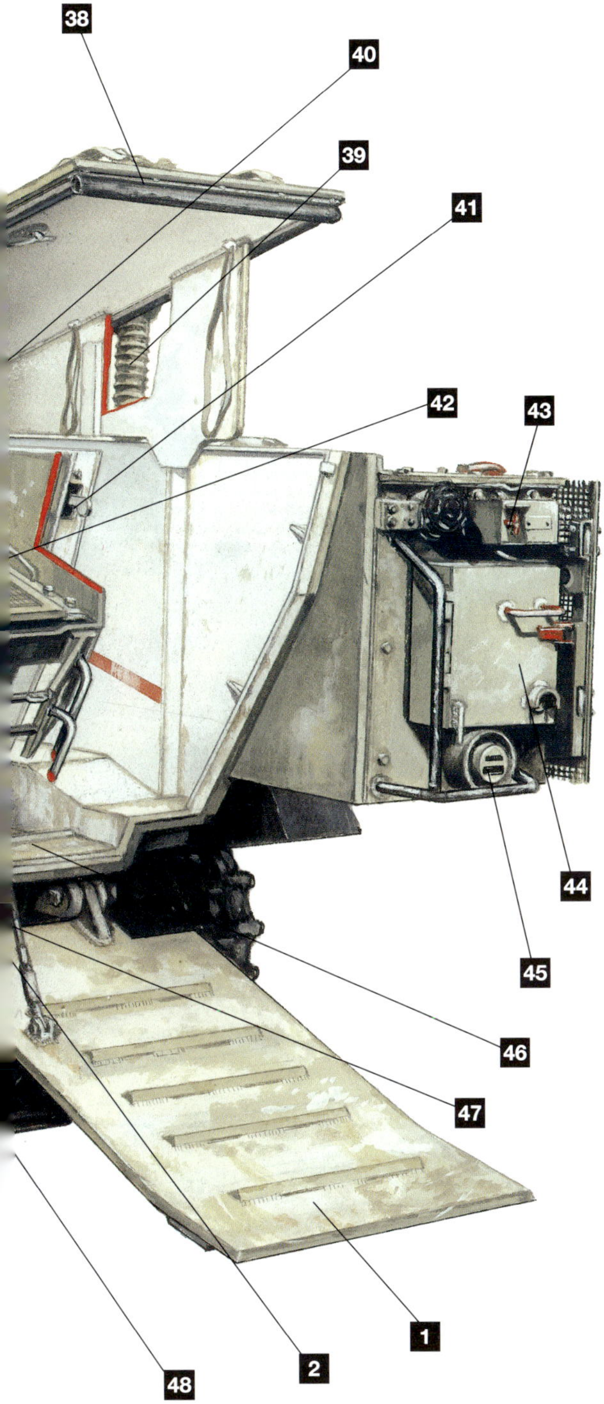

各部名称

1. 乗降ランプ、滑り止めのリブが設けられている
2. 車体後部装具バスケットの金属棒
3. 車体天井からつるされたキャンバス製の取っ手
4. 典型的な汚れたオフホワイトの車内塗装
5. 車両登録プレート
6. 兵員座席
7. 牽引フック
8. 後部金属製装具バスケット下にある、
さらに装具を収容するためのナイロン織籠
9. 銃手用座席
10. 後部反射灯および尾部収容部を車体から防護する金属格子
11. 車長用座席
12. 担架のような装備の収容に使用されている、
車体とトーガスタンドオフ装甲との間のスペース
13. トーガ・パンチングプレート・スチールメッシュ装甲
14. 転輪
15. トーガスクリーン背後の収容スペースにアクセスする
ハッチ用の赤く塗装されたハンドル
16. 操縦手用座席
17. エンジン排気によりこびりついたひどいスス汚れ
18. 退色と泥汚れで薄く見えるようになった、オリーヴドラブの迷彩
19. 牽引ケーブル
20. 白のマーキングが施された黒のナイロン製識別パネル
21. 発煙弾発射器
22. 車体上部側面装甲板に見えるボルトおよびリベット
23. 操縦室
24. 操縦把
25. 視察ブロック外部露出部
26. 視察ブロック内部部分
27. 操縦手ハッチ
28. 機関銃のL字型マウントの部分図
29. 車長用ハッチ
30. 車体火災検知器および爆発防止システム
31. 天候に対する防護のため、ナイロン製カバーが
かけられたラファエルOWS
32. 銃手用ハッチ
33. 兵員用ハッチ
34. 銃手位置
35. ラファエルCWS用コントロールグリップ
36. エンジンデッキ
37. 機関銃弾薬用収容ラック
38. クラムシェル(貝殻)型降車ハッチ上部
39. ハッチ油圧機構をカバーする蛇腹ゴム
40. 車体の火災および爆発防止システム用のハロンガス貯蔵タンク
41. クラムシェル型アクセスハッチ用固定ラッチ
42. NBCシステムの一部をなす黒のチューブ
43. 車体の火災消火システムを手動で作動させる引き金
44. 歩兵用通話ボックス
45. 後部反射鏡およびライト群
46. 乗降ハッチの床板のこの部分は、車体内側に傾斜している
47. ハッチランプの開閉用油圧バー
48. エンジン室隔壁の部分図、車体内部を遮るものなく
明瞭に見えるようイラスト化するために、
エンジンは描かれていない

E1：レバノン国境沿い、第4世代の装甲を装備したメルカバ2　2000年7月23日

E

E2：西岸地区で行動中のマガフ6Bバタシュ　2002年夏

F1：テル・ハ・ショメル兵器廠で査閲を待つ
メルカバ3バズ・ドル・ダレット
2002年12月

F2：ゴラン高原のナファチ交差点で撮影された
バラク旅団のメルカバ3バズ・ドル・ダレット
2002年12月

F

G

G1：前面から見たメルカバ4　2002年秋

G2：ネゲブ砂漠のサヤリム基地におけるメルカバ4
2002年冬

BOOK REVIEW ● DAINIPPON KAIGA

新刊のご案内

2005年5月

大日本絵画

表示価格には消費税が加わります。

続 ラスト・オブ・カンプフグルッペ

◎高橋慶史［著］

◎好評発売中　◎3900円

二次大戦末期の知られざるドイツ軍“最貧”部隊の涙ぐましいまでの奮闘とその歴史を、者独自の視点と緻密な調査をもって徹底再現！『モデルグラフィックス』誌上でカルト人気を誇ったユニークな戦史連載の単行本化完結編がいよいよ登場！　今回は全9章+別寄稿を、約200点の豊富な写真とともに収録。

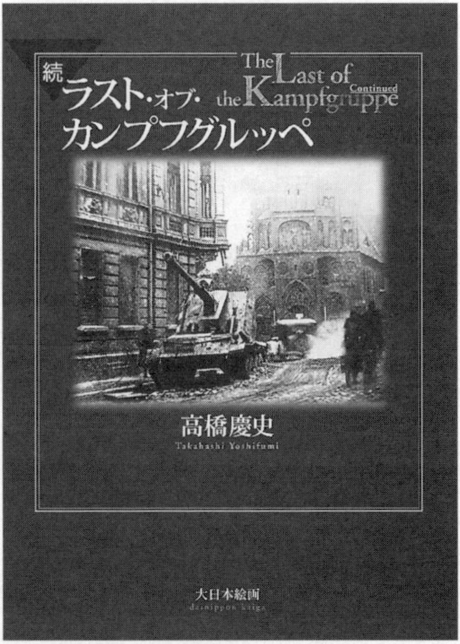

戦記

ベトナム海兵戦記
ベトナム戦争最大の激戦、ケサン攻防戦を戦い抜いた海兵隊大尉の息づまる戦闘記録。●一、六五〇円

プラトーン・リーダー
50万部突破のベストセラー。著者の体験した真実の物語である。これが本物の戦争だ！●一、八四五円

バルジの戦い（下巻）
雪深いアルデンヌの森で精鋭独軍と米軍がついに激突。〝バルジの戦い〟の全容が明らかに！●三、七八六円

ストーミング・イーグルス
『緑の悪魔』と呼ばれたドイツ降下猟兵の戦いを臨場感溢れる筆致で再現したドキュメント。●三、二〇四円

雪中の奇跡（新装版）
第二次大戦初期、ソ連軍に壊滅的な打撃を与えたフィンランド軍の知られざる勇戦。●二、九〇〇円

流血の夏
1944年夏、ロシア軍による戦略攻勢を挫折させたフィンランド軍の驚くべき敢闘。●三、八〇〇円

国連平和維持軍
国連平和維持軍をアメリカ海兵隊司令部が、レバノンでの活躍を例にくわしく紹介。●一、七四八円

鉄十字の騎士
第二次大戦中、ドイツ最高の勲章である「騎士十字章」受賞の栄誉に輝いた著名な人物数十名の経歴と功績。●二、一三六円

第二次大戦駆逐艦総覧
第二次大戦中に在籍した全世界の駆逐艦を収録。設計概要から戦時中の変遷、活動状況を網羅。●四、二〇〇円

Uボート総覧
初期の潜水艇から1940年代後半までの、現在わかっているあらゆるUボートの開発、活動状況、そして結末までの広範な歴史。●四、三〇〇円

ナチスドイツの映像戦略
ビデオ「ドイツ週間ニュース」の映像の歴史的、軍事的背景を解説しながら、戦争の真実を浮かび上がらせる。●二、七〇〇円

戦車

ティーガーの騎士
独語版『ミヘル・ヴィットマンSS少尉』の全訳に数々の写真を追加。ヴィットマンの全てを伝える戦記。●二、八〇〇円

ジャーマン・タンクス
第二次大戦中、ドイツ軍の使用した装甲車両の全てを、データ、写真と図版で紹介。●四、二〇〇円

アハトゥンク・パンツァーNo.2Ⅲ号戦車
各型のディテールを、イラストと博物館に現存する車両の写真と、戦場写真で解説。●二、三〇〇円

アハトゥンク・パンツァーNo.3Ⅳ号戦車
Ⅳ号戦車各型のディテールを多数の精密イラストと実車写真で克明に解説した資料写真集。●三、〇〇〇円

アハトゥンク・パンツァーNo.4 3訂版 パンター・ヤークトパンター・ブルムベア
大戦後半のドイツ主力戦車パンターシリーズと突撃戦車ブルムベアの発達をイラストと写真により解説した一冊。●三、一〇〇円

アハトゥンク・パンツァーNo.5 Ⅲ号・Ⅳ号突撃砲、33式突撃歩兵砲
対戦車兵器としてドイツ軍の激闘を支えた突撃砲シリーズ。●三、四〇〇円

表示価格に消費税が加わります。

航空

烈風が吹くとき／大西画報
帝国陸軍飛行隊、海軍航空隊の戦いと、そこで使われた機体の開発秘話。●一、九四二円

ベトナム航空戦
ベトナム戦の全航空作戦のノンフィクション。特殊心理作戦や電子戦の全容も初公表。●一、七四八円

ターゲット・ハノイ
F105サンダーチーフ戦闘爆撃機のハノイ爆撃を敢行した、空戦ドキュメント。●一、七四八円

ソビエトウイングス
旧ソ連軍の航空兵力を納めたロシア人カメラマンの写真集。ソ連崩壊直前の記録。●六、三一一円

第5空母航空団CVW5
CVW5の、空母『インディペンデンス』甲板上での訓練の模様と、米海軍厚木基地及び硫黄島での活動をまとめた一冊。●三、四九五円

メイディ！747
ハイジャッカーが仕掛けた高性能プラスチック爆弾が爆発！航空アドベンチャー小説。●一、八四五円

ドイツのロケット彗星
独空軍のエースだった著者が語る、メッサーシュミットMe163の開発から実戦参加まで。●二、二三三円

アドルフ・ガラント
ドイツ空軍のスーパーエースにして戦闘機隊総監、アドルフ・ガラントのすべてを綴る完全記録。●二、五二四円

栄光の荒鷲たち
現在も飛行可能な第二次大戦中の名機による、米・南部連邦空軍の航空ショー写真集。●一、九四二円

モニノ空軍博物館のソビエト軍用機
現用（旧）ソ連軍用機の系図を、各設計局別に年代を追って掲載した写真集。●二、五二四円

メッサーシュミットBf109E
ドイツとイギリスの航空博物館に現存する実機を取材。ディテール写真集。●二、二〇〇円

フォッケウルフFw190D
豊富な実機写真、イラスト、図面で詳細に解説した、ディテール写真集。●二、五〇〇円

メッサーシュミットBf109G
世界各地に現存するG各型を取材、細部写真と精密図版によるG型の全て。●二、九〇〇円

フォッケウルフFw190A／F
WWⅡ中期以降の現存のA／Fシリーズによるディテール写真集。●二、七〇〇円

三菱零式艦上戦闘機
各国の博物館に現存する零戦21型・52型・63型を取材した、ディテール写真を掲載。●二、八〇〇円

ホーカー・ハリケーン
英国空軍機第2弾。スピット～と共に大戦を戦い抜いた機体。●二、八一六円

ノースアメリカンP51マスタング
米陸軍航空隊の誇る最高傑作戦闘機マスタングのディテール写真イラスト集。●二、九〇〇円

リパブリックP47サンダーボルト
米国内に現存するサンダーボルトを徹底取材、図面、ディテールイラスト、塗装例などもこれまで以上に充実した一冊。●二、八一六円

関連書籍のご案内　◎好評発売

モデルマイスターズ1
U.S.マリーンズ　ザ・レザーネック
上田 信［著］
1800円

最新の装備を誇るアメリカ海兵隊のすべてを分かりやすく解説。月刊『モデルグラフィックス』連載の『ザ・レザーネック』に新たな考証を加え全収録。

ISBN4-499-22665-1

世界の戦車 1915～1945
ピーター・チェンバレン ＆ クリス・エリス［共著］
3800円

短期間に驚くべき発達を遂げた戦車の技術的側面を1000点以上の写真と多数のデータで綴った歴史的名著の全訳。第二次大戦終結時まで世界中で開発され、各国で制式配備されたあらゆる戦車を、試作型も含めて完全網羅。

ISBN4-499-22616-3

お探しのビデオ、書籍が書店にない場合

大日本絵画のビデオ、書籍等がお近くの書店の店頭に見あたらない場合は、書店に
接ご注文ください。この場合、送料なしでお取り寄せいただけます。

小社への通販をご利用の場合は、表示価格に消費税を加え、送料を添えて現金書留
普通為替で下記までご注文ください。送料は一回のご注文で1～3冊までが240円、
以上ご注文くださった場合には小社で送料を負担いたします。

また書籍のご注文には下記のインターネット書店もご利用いただけます。

◎通販のご注文・問い合わせ先

㈱大日本絵画　通販係
〒101-0054　東京都千代田区神田錦町1-7
tel. 03-3294-7861［代表］
fax.03-3294-7865
http://www.kaiga.co.jp

◎インターネット書店

■インターネット書店「専門書の杜」
http://www.senmonsho.ne.jp
■インターネット書店「Amazon.co.
http://www.amazon.co.jp
「大日本絵画」でサーチしてください。

マガフ6Bは、1980年代終わりに骨董品のスーパーブレーザー爆発反応装甲タイルを装着された。第二世代のブレーザーは、1982年のレバノン侵攻時に使用されたものより進歩している。しかし運動エネルギー弾頭に対しては、相対的にあまり効果がないままである。（IMI）

同様個々にヒンジ止めされている。しかしナクパドンの最後部のセクションは単なる鋼板で製作されているのではなく、追加の被弾防護層が組み合わされている。地雷に対する防護のため、追加の腹部装甲が装着されている。

すべてのLIC輸送車に、発煙弾発射器が搭載されている。ナグマチョンには、各々10本の発煙弾が装填された、4基のIMI CI-3030即席自己煙幕展張発煙弾発射器が装着されている。

輸送車の両タイプとも電子戦装備を有しており、道路脇の爆発物を発火させる無線信号を遮断することを企図している。車体にはかさ張るトランスミッションマストが装備されており、後部エンジンデッキ上に立てられる。

火力

アチザリットおよびプーマと異なり、センチュリオン輸送車はゲリラ作戦用に適するよう

究極のM113装甲アップグレード型「クラシカル」、1997年頃の撮影。軽量型爆発反応装甲タイルによって、HEAT弾に対する防護を与えられる。天井に搭載された「鳥籠」は、露出した乗員を小火器から防護するものである。（Rafael）

基地に帰還するアチザリット。1997年、ネゲブ砂漠にて撮影。車長と銃手は訓練中の女性教官である。ラファエルOWSに7.62mm機関銃が装着されていないことに注目。

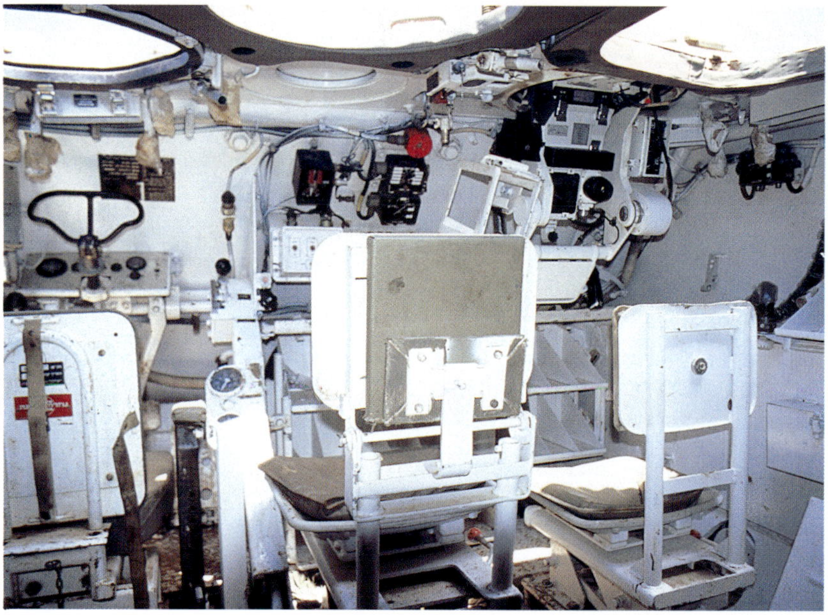

アチザリットの内部。1997年、ゴラン高原で撮影されたもの。左から右に操縦手、車長、機関銃手位置である。

に設計されており、OWSは装備していない。すべてのLIC輸送車の主要武装は、ピントルマウント式FN7.62mm機関銃3ないし4挺、および少なくとも1基の60mm迫撃砲である。場合によっては、FN火器に代わって1挺ないしそれ以上の12.7mm機関銃を装備している。

乗員の負傷を減少させるために、ナグマチョンの兵員室には通常3つの金属製防盾が装着されており、各々防弾ガラスの入った視察ブロックをもつ。歩兵は防盾によって、ある程度安全に機関銃を射撃することができる。

機動力

ナグマチョンおよびナクパドンの両者とも、過大な重量が負荷となっている。前者はおよそ50～55トンで、後者はおよそ55トンなのだ。ナグマチョンは、アップグレード型セ

2001年に撮影されたプーマ、前面にRKM地雷処理ローラーシステムが装着されている。本車は巨大だが低姿勢である。（Nadav Ganot,via the Israeli Government Press Office）

ンチュリオンの750馬力AVDSディーゼルのままである。ナクパドンは、メルカバ1の900馬力AVDS1790-6Aパワーパックを使用している。

車両に使用されている現在のサスペンションは、旧式のセンチュリオンのシステムに、油圧式バンプストップを組み込んだアップグレード型である。LIC輸送車の両タイプの走行装置は過大な重量には苦労しているように見える。転輪は非常に消耗した様子を示し、ゴムタイヤはしばしば、過大な熱と機械的負荷でほとんど完全に破損しているようだ。もし予算が許せば、メルカバ方式のサスペンションと全金属製の転輪が、後付けされるで

2002年6月、ユーロサトリ武器見本市におけるプーマ、カーペット地雷原突破システムが装着されている。カーペットシステム上部に、内蔵ロケットが展示されている。（Stephan Marks）

2000年に上ガリラヤのエルヤキム基地で撮影されたナクパドン。本車はナグマチョンより整った外観をしており、強靭なサイドスカートは波うった形状をしている。

この写真は2000年夏に撮影されたもの。ナクパドンに装着されたぶ厚いアップリケ・アーマーモジュールが見える。車長用キューポラを取り巻く視察ブロックに注目。戦闘室に塗装された細い帯は、スカイブルーとなっている。

ナグマチョンの前面部クローズアップ。乱雑でだらしない外観と前面部のERAに注目。この車には2基の発煙弾発射器が、定位置に装備されている。他の2基の発射器用の空のブラケットもある。

2002年12月、修理のため工廠に移動したマガフ7A。履帯はすぐに張度の再調製が必要である。アップリケ・アーマーキットによってどんなに砲塔形状が変化しても、エンジングリルはこの戦車がM60であることを隠せない。

あろう。

輸送車の運用

ナグマチョンおよびナクパドンは、レバノン内の対ゲリラ作戦に加わり、コンボイの防御と地雷啓開という魅力的とはいえない作業を遂行している。孤立したイスラエル国防軍の拠点に再補給が必要な場合には、これらの車両が地雷にまみれた小道を危険を犯して

2000年秋、ネゲブ砂漠で撮影されたマガフ7C。マガフ7Aと比較して、その改善された被弾経始に注目。この車体はその前面に、ブルドーザーブレードの取り付けブラケットが装着されている。

1995年、ゴラン高原で撮影されたメルカバ3。楔形の砲塔は、正面から見ると小さな標的でしかない。

進むのである。

作戦の詳細はまだ機密のままである。しかし、1996年にヒズボラが道路脇に置かれた約100kgの爆発物を使用して、1両のナグマチョンを破壊できたことが知られている。9名のイスラエル兵が死亡したと考えられている。この事件に巻き込まれたのは、M48の車体をベースにして製作された、数百両のナグマチョンの1両である。

2002年12月、テル・ハ・ショメルの兵器廠でアップグレードを施されているメルカバ2。追加装甲の取り付け部として使用される、頑丈なマウントポイントと、砲塔後部バスル（張り出し）の側面の新しい装具収容部に注目。

2002年12月、ゴラン高原のナファチの近くで撮影されたメルカバ3ドル・ダレット。第4世代のアップリケ・アーマーが、砲塔外形を完全に変化させている。砲防盾上に装備された、縮約砲訓練に使用される機関銃の銃身がなくなっている。

2002年12月、ゴラン高原で低床輸送車に搭載されたメルカバ3ドル・ダレット。この車体はイスラエル国防軍のエリート部隊、バラク旅団に所属するものと考えられる。

2002年に撮影されたメルカバ4。興味深いのは砲塔右側上部の丸いくぼみである。これは車長用サイトが一時的に撤去されたものである。
(Evgeny Nesher)

左頁下●再装備されたメルカバ3。2002年12月、テル・ハ・ショメルで撮影。矢印は独立した車長用サイトを指している。これはバズ火器管制システムが装備されていることを示す。

2002年、西岸地区のパレスチナ戦士に対して、OWSを欠くことがこの機材の有効性に限界をもたらすことになった。これは都市戦闘におけるイスラエル国防軍の犠牲の大きな部分が、上方からのスナイパーの射撃によって引き起こされたものだからであった。ナグマチョンまたはナクパドンの天井装備の機関銃を乗員が射撃することは危険であることが明確になった。

バリエーション

最近数カ月に、何両かのナグマチョンの戦闘室に、大きな天井のある垂直の拡張部が装着された。これは「犬小屋《ケンネル》」と呼ばれることもあるが、そのみっともない拡張部には、シンプルな射撃ポート、トーガスクリーンおよび視察ブロックが取り付けられている。極めて醜いことから、転換型ナグマチョンは部隊では「ミフレツェット」(ヘブライ語でモンスター)と呼ばれている。これらぞんざいに改造されたナグマチョンは、パレスチナの不正規兵に対する都市戦闘における、移動指揮所として使用されている。

1996年、上ガリラヤで撮影されたプーマ。手前の車体の一番左の標識は、本車が戦闘工兵に所属していることを示す。サイドスカートの前方部に見える、重アップリケ・アーマーに注目。

2002年12月、テル・ハ・ショメル兵器廠で撮影されたマガフ7A。厚板の側面をもつ砲塔がはっきりわかる。車体前部にはボルト止めのパッシブアーマーが装着されている。車長用サイトに組み込まれた、半球形の装甲シェルに注目。

高速で走るメルカバ4。砲塔は本車の初期のタイプとは異なる形状をもつ。砲塔側面と天井の多数のサイトとセンサーに注目。
(IDF Spokesperson's Office)

2000年にネゲブ砂漠で撮影されたマガフ7C。戦車は、重、アップリケ・パッシブアーマーモジュールによって、特徴的な楔形の前面形を与えられている。乗員は、非公式の部隊ロゴとドラゴンがつけられた官給品でないベースボールキャップを被っている。

MAIN BATTLE TANK

主力戦車

既存戦力のアップデート
Updating the Existing Fleet

イスラエルは、老朽戦車のアップグレードに関しては長い歴史をもつ。彼らは政治的緊張ゆえに新しい装甲車両の導入源が制限されたため、AFVの修復のエキスパートとならざるを得なかった。新型戦車が購入可能となっても、維持のために増大するコストが既存車両を近代化する刺激となった。

戦車のアップデートは、シンプルなプロセスではない。戦車のある一面のアップグレードは、しばしば他の特徴も近代化することを必要とする。たとえば追加装甲を加えたら、そのときには重量増加に対応するため、より強力なエンジンを組み込む必要がある。もしより大きな口径の砲を後付けすれば、そのときは砲塔駆動機構の近代化が必要となる。そして防御力、火力と機動力が最高であっても、コスト、信頼性さらに整備のしやすさといった要素も考慮しなければならない。

1985年までに、イスラエル国防軍の戦車戦力は旧式化した。メルカバの導入が着実に進んでいる一方で、すべての旧式戦車を代替するにはその数は不十分であった。すでに見たようにイスラエルはセンチュリオンを重APCに改造する決定をした。またM48を実戦任務から緊急戦時予備に漸進的に移行することを決めた。アップグレードの努力は、イスラエルの保有する1300両前後のM60（各種タイプ）に集中することになった。

2000年、マガフ7Cの砲塔天面、車長用のウルダン低姿勢キューポラを見る。キューポラの左側、車長サイト用半球形マウント上に60mm迫撃砲が見える。砲塔上、中央手前に3本の線が刻まれている円盤が見えるだろうか。これは第三世代の装甲モジュールであることを示している。

マガフの近代化
Modifying the Magach

マガフは、イスラエル国防軍で使用された、M48およびM60戦車に与えられた名前である。M48は1965年にイスラエル国防軍における運用が開始されてから、実質的にM60と同等とするよう、体系的なアップグレードがなされている。初期型車体は、イギリス製L7 105mm砲にアメリカ式の垂直式鎖栓機構〔訳注31〕を取り付けたライセンス生産コピーにより、砲力強化が行われた。

付加的改良として、すべてのイスラエル軍主力戦車に装備されている、ウルダン低姿勢車長用司令塔、外部収容部の増加、主砲サーマルスリーブ、そして天井への60mm迫撃砲および追加の機関銃の導入が見られた。大きな変更としては、テレダイン・コンチネンタルAVDS-1790-2Aディーゼルパワーパックとブレーザー・リアクティブアーマーが含まれる。ブレーザーを装着したマガフは、マガフ6Bとして知られる。

すべてのアップグレードにもかかわらず、1985年までにマガフは敵戦車戦力に加わった主力戦車によって、次第に追い越されるようになった。とくに問題であったのは、不十分な防弾の水準であった。戦車の砲塔は、戦車対戦車の戦闘において最も命中しやすい部分であった。M60の砲塔部分の最も厚い部分は、254mmの均質圧延鋼板であった。その装甲のほとんどはかなり薄かった。

1970年代までに典型的な運動エネルギー弾は、およそ400mmの均質圧延装甲を貫徹することができた。1990年代までには、120および125mm砲から発射される有翼安定サボ付き徹甲弾（APFSDS）の運動エネルギー弾頭は、800mmの均質圧延装甲を貫徹することができた。

ブレーザーキットの重量は、800から1000kgの間であった。成形炸薬弾頭に対しては、鋼鉄10トンを追加するのに相当する防御力を与える。その形態や内容の変化を含む、ブレーザーの改良努力にもかかわらず、運動エネルギー弾に対しては不十分なままであった。

さらに均質圧延装甲板を追加することは、受け入れがたい重量的不利益を課す。成形炸薬弾と運動エネルギー弾の双方への防護が可能な、軽量なパッシブ素材が必要であった。イスラエル国防軍は、メルカバプロジェクトによる進歩を取り入れることを決め、マガフのアップグレードに新しい防弾素材を導入した。この過程を経て、1990年代半ばに

こちらはマガフ7の輸出バージョンのサブラ、2000年に試験中に撮影されたもの。サブラには120mm砲が装備され、その楔形の砲塔はいくらか形状が変化している。トルコはこの戦車のお得意様になった。本車はイスラエル国防軍で運用されてはいないようである。（IMI）

マガフの大規模な新派生型が運用に入った。

マガフ 7A

（ヘブライ語名称で「7アレフ」）：本車はパッシブアーマー配列《アレイ》を装備し、追加重量に対処するパワーパックと走行装置の変更が盛り込まれている。新しい火器管制システムが組み込まれている。

マガフ 7C

（ヘブライ語名称で「7ギメル」）：本車は「7アレフ」と類似したものだが、装甲が最新世代となっている。

マガフ 7B

（ヘブライ語名称で「7ベート」）：本車は、7Aと7Cの間の短期間の暫定型である。より良好な被弾経始をもちこれに取って代わる7Cが生産されるまでに、数百両が生産されただけという。

イスラエルの戦車は、比較的に小さいバッチごとに近代化が行われている。これはひとつには経費と同時に作戦能力を阻害しないという必要によるものである。パッシブアーマー・アレイは高価で、すべてのマガフがこれによってアップグレードされたわけではない。結果としてマガフの古いモデルが新しいバリエーションとともに運用し続けられること

追加装甲によって形成された湾曲した砲塔ラインを見せるマガフ6バタシュ。本車はしばしば、砲防盾を防御する重装甲板を外して運用されている様子が見られる。（IMI/Slavin, courtesy Shaul Nagar）

1998年頃撮影された、メルカバ2ドル・ダレット。本車は製造者による概念実証用車体と考えられる。（IMI/Slavin, courtesy Shaul Nagar）

になった。

1997年11月、ブレーザーを装着された2両のマガフ6Bに、ヒズボラゲリラが発射した重対戦車ミサイルが命中した。繰り返し命中したRPGと対戦車ミサイルがブレーザー装備戦車の貫徹に失敗した1982年のときとは異なり、このときは戦車の装甲板は破壊された。その結果装填手1名が死亡し、他の4名の乗員が負傷した。

差し迫った災難の兆候であった。ブレーザーは運動エネルギー弾に効果がないだけでなく、スピゴット対戦車ミサイル［訳注32］が搭載するような新世代の成形炸薬弾頭に脆弱となったのだ。1999年にイスラエル国防軍は、マガフ6Bをアップグレードするため安価だが効果的なボルトオン式アーマーパッケージを要求した。IMI社の対応は驚くべき速さであった。マガフ6Bバタシュと呼ばれる車体向けのパッケージの生産開始まで、わずか10週間しかかからなかったのだ（BATASH＝バタシュはヘブライ語の「全周防護」の用語からの頭字語である）。

訳注31：鎖栓とは砲身の後蓋。かんぬき式の構造で横にスライドするのが水平式、縦にスライド開閉するのが垂直式である。狭い戦車内では後者の方が場所をとらない。
訳注32：AT-4スピゴット。スピゴットというのはNATOのコードネームで、ソ連側の名称はファゴットである。第二世代の対戦車ミサイルで、射手は目標に照準を合わせるだけでミサイルは目標に誘導される。最大射程は2500mで、貫徹力は600mmである。

防御力

マガフ7A、マガフ7Cの両者ともに、ほとんどの運動エネルギー弾および成形炸薬弾による攻撃に対処できる、パッシブアーマー・アレイを装備している。この複合装甲各々に使用されている積層材料の組み合わせや内容については機密となっている。マガフ7Aは1990年代初めに、マガフ7Cは1990年代半ばに初めて運用が開始された。

両バリエーションともに、砲塔と車体前面に追加装甲が装着されている。サイドスカートもまた装着されている。これらは戦車が機動したときに外れないように、強力なスプリングでマウントされている。各々の側の最初の2つのサイドスカートはパッシブアーマーで作られ、残りは鋼板である。パッシブアーマー・サイドスカートは、走行装置にアクセスできるように、中央部で頑丈にヒンジ止めされている。

マガフ7Aは側面の平らな、リベット止めのアップリケ・アーマーモジュールを有する。これと比較してマガフ7C用のモジュラー・アーマーキットは、その製造社のIMI社からは

2000年に撮影されたメルカバ2ドル・ダレットで、背景にはメルカバ3がある。追加装甲モジュールが、なめらかなシルエットを与えている。操縦室を防護している膨らんだ重装甲に注目。（Moshe Milner, courtesy of the Israeli Government Press Office）

「封筒《エンベロープ》」というコードネームで呼ばれており、良好な被弾経始をもつ。しかし、楔型のマガフ7Cの砲塔前面は、炎上する戦車からの操縦手の脱出を困難にする。ただしIMI社は砲塔がどんな角度にあってもなお、操縦手は彼のハッチから脱出できると保証している。

マガフ・バタシュの砲塔は、リアクティブアーマーとともにパッシブアーマーが組み合わされた、ハイブリッド装甲パッケージを有している。ひとりのある中隊士官は、とくに低強度紛争作戦向きに設計されていると述べている。ハイブリッドパッケージは、多弾頭対戦車ミサイルに対する防御に適したように設計されているようだ。マガフ・バタシュの前部は、第二世代の「スーパーブレイザー」リアクティブアーマー・タイルによって守られている。サイドスカートはマガフ7と同一である。

運用が続けられているマガフは、体系的に「モークッド」（フォーカス）・レーザー警戒システムを後付けされている。このシステムは、車体が照準レーザーに「マーク」されたとき、乗員に警報を発するものである。これに加えてマガフには、イスラエルの製造会社のスペクトロニックによる、火災および爆発防止システムが装着されている。

火力

マガフのバリエーション型は、その105mm砲を維持したままである。改良は火器管制システムと弾薬の破壊力に施されている。砲塔の油圧駆動機構は、アップリケ・アーマーによってもたらされた重要増加を補うため強化されている。

何両かのマガフ6Bには、改良型火器管制装置が装備されている。新システムはイスラエル国防軍によって「ガル」（波）として知られている。一方、システムはその製造業者のエルビット/EL-OP社によって、国際市場に対して、マタドールとして提供されている。新型火器管制装置を装備されたマガフ6Bは、マガフ6Bガルとして知られる。

同じガル火器管制システムは、マガフ7にも採用されている。原型の光学式測距器はレーザーに交換され、一方砲手には新しい昼夜間サイトが装備された。環境センサーに統合された新しい弾道計算機が装備され、イスラエルの開発したサーマルスリーブが砲の精度を高めている。さらに性能を強化するため、砲手用半安定化サイトが、独立して安定化された砲に追従するようにされた。車長用には右砲塔側面の半球形の装甲シェル

――これは、旧来の光学測距システムの一部を収容するために使用されていた――に収容された専用サイトをもつ。

実際の搭載弾薬については機密だが、イスラエルは戦車砲弾の開発および製造に関しては、好評を博している。近代化されたマガフは、APFSDS-T M413運動エネルギー弾を携行しているらしい。これはすばらしい貫徹力をもつと考えられている。

マガフは敵歩兵に対して使用するため、砲塔天井に取り付ける60mm迫撃砲を携行している。

機動力

基本型M60の重量は、49.7トンである。追加装甲を装備したマガフ7バージョンは、54～55トンの間と考えられている。マガフの履帯を、メルカバ由来のより軽量でより耐久性の高い全金属製のものに変えて――これで1.7トンが節減された――さえ、この重量増加がもたらされた。重量増加を受けて、機動力の維持に注意が払われた。原型の750馬力パワーパックは、908馬力のジェネラル・ダイナミックス・ランド・システムズAVDS1790-5Aディーゼルに、メルカバに使用されたものと同じ自動トランスミッションを組み込んだものに換装された。

加えてイスラエル企業のキネティック社は、走行装置にいくつか大きなアップグレードを行った。新しいショックアブソーバーが第1、第2そして第6転輪に、同時に油圧バンパーが第1、第2、第5そして第6転輪に取り付けられた。いまや新しい高張度トーションバーが標準装備となった。この組み合わせは転輪のトラベル長を180mmから200mmに増大させた。それぞれのサスペンションステーションで吸収されるエネルギーは、なんと驚異的なことに355パーセントも増大した。

実際にこれらの変化によってマガフ7Aと7Cは、M60に比べて不整地機動力や加速性能が大きく向上し、乗員の疲労も減少した。車体の安定性も強化され、火器の精度もまた改善された。

マガフ6バタシュはその装甲パッケージからは、それほど大きな重量増加はなかったと考えられる。増加した分の重量は、より軽量なメルカバタイプの履帯を装着することで得られた重量軽減で相殺された。その結果より強力なエンジンは搭載されていないようだ。

改良型マガフの運用

1985年以後のアップグレード戦車は戦闘に投入されたが、敵装甲車両に対してでなく、ヒズボラとパレスチナゲリラに対しての厳しい戦闘においてであった。戦車は実際には、移動トーチカとして使用され、その相対的な脆弱性のなさと洗練された探知能力は、犠牲の縮減に役立った。

マガフの追加装甲は、文字通り「命の恩人《ライフ・セイバー》」であることを証明した。1997年秋、マガフ7Aはヒズボラゲリラの待ち伏せで発射された、サガーミサイルの弾幕射撃を受けた。20発のサガーが戦車に命中し、丘の上の位置から撃ち降ろされたそのうちの2発が、実際に貫徹した。イスラエルの軍事分析によれば、パッシブアーマーでなくブレーザー・アップリケスーツであったら、9発の弾頭が貫徹しただろうと結論づけた。

しかし良好に防護されたマガフ7Cでさえ、ヒズボラとパレスチナゲリラの両者が運用を開始した強力な道路脇の爆薬に対処できなかった。2003年2月15日、ガザ地区で道路脇の爆薬を轢いて4名の兵士が死亡し、乗車のマガフ7Cは撃破された。イスラエル側によれば、爆薬は100kgであった。いかなる戦車も、その弱い下面へのこのような攻撃には耐えることはできない。

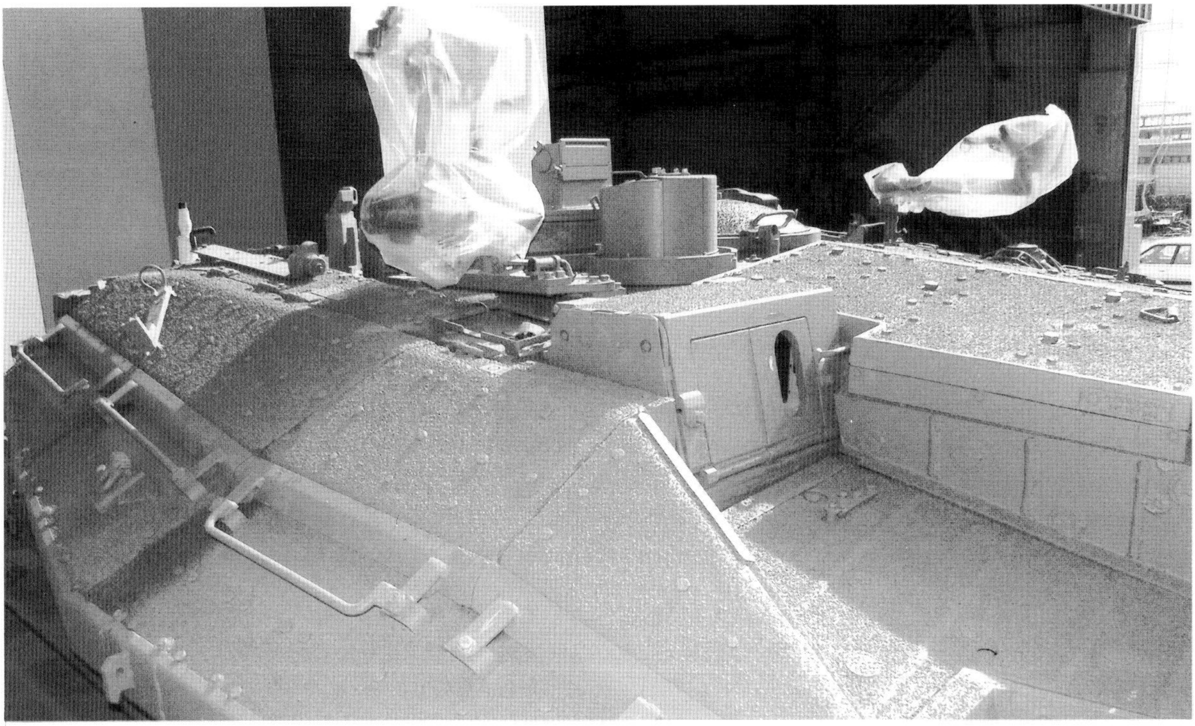

2002年に撮影された、第4世代のアップリケ・アーマーが装着されたメルカバ3の砲塔のクローズアップ。砲塔装甲はざらざらの滑り止めに階段状の外観をしている。独立した車長用および砲手用サイトに注目。

マガフ・バタシュの運用については、2002〜2003年のパレスチナのインティファーダ中に西岸地区で行動が見られた以外、ほとんど知られていない。

バリエーション

新しい装甲技術が使用可能になると、モジュラー式追加装甲キットのおかげで、マガフにはさらに細かなアップグレードが可能であった。たとえば2003年に、砲塔天井前部に追加装甲パネルを取り付けた状態のマガフ7Cが何両か確認されている。

一方マガフはイスラエル国防軍の運用の面では、さらなる発展をしないようで、マガフ7Cをベースとした発展型アップグレードパッケージが、トルコに売却された。このアップグレード型戦車は、「サブラ」として知られるが、その被弾経始がいくらか微調整され、IMI社製120mm砲を装備している。砲の小さな尾栓のおかげで、戦車の防盾の最小限の変更で、より大きな火器が搭載できるようになった。

1973年戦争（第四次中東紛争）で、M48およびM60戦車の、設計上の欠点が明らかになった。それらは砲塔旋回および砲の俯仰を、高圧の油圧で駆動しているのである。もし戦車が貫徹されると、油圧システムはしばしば破壊され、乗員に可燃性の液体──多くの場合発火している──を振りかける。これに対してセンチュリオンの全電動砲塔旋回装置は、遅いけれども安全なことが証明された。1973年戦争の先例にならって、マガフの砲塔油圧機構にはより引火点の高い液体が使用された。サブラの場合には、もっと満足できる解決策として、全電動砲塔駆動機構を搭載することが行われた。

モジュラー型メルカバ

The Modular Merkava

イスラエルのユニークなメルカバ（チャリオット）戦車は、本シリーズVol.26『メルカ

2002年に撮影されたメルカバ4。恐ろしい外観は戦場に大きな特徴を残す。装甲は「あばたのある」リベット止めの外観をしている。新しいスタイルの発煙弾発射器および装甲ハウジングの中の飛び出し式操縦手用ライトに注目。（Evgeny Nesher）

バ主力戦車 MKs I/II/III』で詳細に解説されている。

メルカバ計画は、その初めから、戦車の生存性、火力、機動力の急激な発展を統合した精力的なプログラムであった。新しい技術が使用可能になるやいなや、メルカバの新しく製作された車体に組み込まれ、古い車体には後付けされた。機材更新は進行し稼働する過程の一部であった。イスラエル国防軍の装甲の持続的な革新は、メルカバの異なるバリエーションの区別をわかりにくくした。実際同じことが、イスラエル国防軍で使用される他のアップグレード戦車にもいえる。特定の戦車の異なるモデル間の識別を厳重なものにしているのは、イスラエル国防軍では他の軍隊のような月並みな理由ではないのだ。

本書のこのセクションでは、本シリーズVol.26『メルカバ主力戦車 MKs I/II/III』刊行以降に明らかになった、メルカバの改良とアップグレードについて解説したい。主要な変化は、高度に洗練された火器管制システムの導入と、第４世代の追加装甲モジュールである。

メルカバ2Bドル・ダレット
Merkava 2B Dor Dalet

メルカバ2Bドル・ダレット（ドル・ダレットの文字は「D世代」を意味する）は、『メルカバ主力戦車 MKs I/II/III』に記述されたメルカバ2であるが、より発達した火器管制システムとより強化されたレベルの防御力を備える。

防御力

メルカバは主力戦車の中でも、エンジンを前部に搭載している点でユニークである。

メルカバ4がかなりかさばり背が高いことは、その側面の兵士で測ればわかるだろう。各サイドスカート前部にひとつずつある、ヘビーデューティアンテナの目的は不明である。2002年に撮影。(Evgeny Nesher)

メルカバの乗員は、通常形態の戦車の乗員より、大きく生き残るチャンスがある。もしメルカバの前面部分に敵弾が命中し、貫徹されたら、パワーパックは乗員を防護する追加の防壁として働く。イスラエルは訓練された貴重な乗員を失うよりは、むしろ戦車が機動力を失うことを選ぶ。メルカバの後部脱出ハッチは砲塔ハッチから脱出するよりも危険が少なく、乗員を小火器弾にさらされることなく脱出させてくれる。

メルカバ2の最初のモデルは、メルカバ1より良好な防御力をもつ。メルカバのすべてのモデルで戦車の砲塔後部の形状は、潜在的なショットトラップ〔訳注33〕として働く。これに対処するため、ボールとチェーンが成形炸薬弾からの防護のため砲塔後部に吊るされた〔訳注34〕。

加えてメルカバ2は特殊装甲層材が、前部と砲塔側面に装着されており、一方重特殊装甲サイドスカートが、走行装置の防護のために取り付けられた。しかし1990年代の終わりまでに、ヒズボラはタンデム弾頭〔訳注35〕をもつ近代的対戦車ミサイルを入手することに成功した。これはある種の状況では、メルカバの装甲を貫徹することが可能であった。

1997年秋、メルカバ2は、車体と砲塔の継ぎ目の操縦室のちょうど上に直接スピゴット対戦車ミサイルの命中を受けた。操縦手は死亡した。以前は戦車は成形炸薬弾頭にほとんど無敵であると見なされていたので、これはイスラエル国防軍に大きな衝撃を与えた。

1997年10月半ばまでに、他の2両のメルカバ2がスピゴットに命中され撃破され、1名の乗員が死亡した。メルカバ計画の指導的地位にあるイスラエル・タル将軍隷下の作業部会は、再発を防ぐ努力を開始した。わずか14週間の突貫プログラムで、IMI社は、運動エネルギー弾と重成形炸薬弾の双方に抗堪するボルト止めの新しい第4世代の装甲パッケージを、設計および製作することができた。

メルカバ2ドル・ダレットでは、これらパッケージは、操縦室を防護している戦車の前部傾斜面、砲塔側面およびサイドスカートに取り付けられている。砲塔側面は平らな側面形状がなくなり、いまや第4世代のモジュラー装甲突出部をもつ。これは砲塔基部まですそが広がり、砲塔と車体の接続部を防護している。サイドスカートは、特殊装甲モジュールからなり、上まで延長されている。拡張部は砲塔リングにさらなる防護を与え、戦車に猫背で太鼓形をした特徴的な外形を与えている。

訳注33： その形状等により弾丸を呼び込んだり、跳ね返したりして、損害を大きくすること、部分。
訳注34： このような部材であっても、成形炸薬弾頭を早期に発火させる効果を発揮させることで、スペースドアーマー同様の役割を果たしうるのである。
訳注35： ２個の弾頭を前後二段に直列配置し、一段目の弾頭で追加装甲等を破壊、二段目の弾頭で本体を直撃する。

火力

メルカバ2は、放熱用のサーマルシュラウド付きでマガフに装着されているものと同じ、イスラエル製105mm砲を装備している。メルカバ2の火器管制装置は、マタドール・マーク2として知られている。これはメルカバ1に装備されていた初期型のアップデート型で、より優れたデジタルコンピューターと発展型レーザー測遠機が装備されている。

メルカバ2Bには、砲手用サイトに赤外線映像装置が導入されており、夜間および悪天候時に良好な能力を与えてくれる。メルカバ2Bドル・ダレットは同じ火器管制装置を使用している。

機動力

メルカバ2のエンジンは、メルカバ1と同一で、900馬力のジェネラル・ダイナミックス・ランド・システムズ社製ADVS-1790-6Aディーゼルである。発展型のイスラエル製の全自動トランスミッションが装着されており、これは戦車の行動距離を増加させた。900馬力のパワーパックは、およそ62トンの戦車の重量では相対的にアンダーパワーである。

しかしイスラエル国防軍は、戦車のサスペンションと乗り心地がゴラン高原に典型的な荒れた地形に対処できるかということのほうに、より関心がある。メルカバ2は70度の登坂能力をもつが、これに対して他の戦車は通常、60度になんとか対処できるだけである。メルカバ2のすべてのバリエーションは、同じパワーパックを使用している。

メルカバ2B ドル・ダレットの運用

情報は制限されている。本車はレバノンで成功裏に使用され、バレスチナのインティファーダを制圧する役割もまた演じたらしい。

バリエーション

バリエーションは知られていない。

メルカバ3バズ

Merkava 3 Baz

メルカバ3はいくつかの生産ブロックごとに製作されており、各ブロックはその先行型に若干の改良が盛り込まれている。ブロックI、IIは内部の小規模な変化である。ブロックIIIメルカバは、場合によってはメルカバ3Bとして知られるが、砲塔天井の特殊装甲の追加層部材と、形状が変更された装填手用ハッチおよび60mm迫撃砲の改良型マウントで識別される。新しく製作されたメルカバ3の何両かには、統合型空調を提供する改良型

NBC防護システムが装着されている。このシステムは、乗員が着用する環境防護ベストに冷気を供給することができる。新しいNBCシステムを装備したメルカバは、車体により大きな吸気グリルをもつ。

新しい高度に洗練された火器管制装置によってさらに向上化した車体は、メルカバ3バズとして知られる。バズはヘブライ語で「鷹」の意味だが、この場合は火器管制システムの名前である「バラク・ゾヘル」（輝く電光）から取った頭字語である。バズ火器管制装置は、メルカバ3の初期のブロックにも後付けされている。

メルカバ3Bバズの最も進化したバージョンには、第4世代の装甲モジュールが装着されており、メルカバ3バズ・ドル・ダレットとして知られる。砲塔側面を取り囲むモジュールは、「小」メルカバ3と異なり、戦車に未来的な外形を与えている。戦車の外観はメルカバ2ドル・ダレットを思い出させるものである。

防御力

メルカバ3では、パッシブ積層材が組み込まれた、第3世代の装甲モジュールが標準となった。これらは戦車の砲塔と前部に装着されている。もし損傷したら、あるいはより進歩した内容が使用可能になったら、容易に交換することができる。

最初の大規模な装甲のアップグレードは、1994年6月に開始された。これはメルカバ3が多数の対戦車ミサイルの命中弾を受け、そのうち3発が砲塔と車体の上面を貫徹した後のことである。IMI社は重点を戦車の前部を防護――メルカバはすでにかなり良好に防護されている――することから、上面を防護することに移行した。その結果がメルカバ3バズ・ドル・ダレットであった。このバリエーションは、第4世代の装甲モジュールをもち、その砲塔と車体上部およびターレットリングの防御力を向上させている。

すべてのメルカバ3は、360度の範囲をカバーする3つのセンサーが組み込まれた、アンコラム・レーザー警報システムを装備している。システムは乗員に、照準レーザーに「照射」されたことを知らせる。

被弾した場合に爆発する可能性を極限するために、すべてのメルカバにはスペクトロニック火災検知、消火システムが装備されている。加えて弾薬は、各々暴発を防ぐ防火コンテナに収容されている。砲塔の駆動は全電動化されており、火災の危険性を極限するのに役立っている。

地雷と道路脇の爆薬による待ち伏せは、イスラエル装甲車両にとってますます危険となってきたことが明らかになった。メルカバはV字型に成形された車体下部装甲板をもち、爆風による損傷を減少させるのに役立っている。同様の装置をもつ他の戦車とは異なり、メルカバの車体下部は、曲げられた一枚の板で防護されており、より安価な方法である2枚の板を溶接するものではない。これは潜在的な弱点を必然的にもつことになるからである。

メルカバはまた内側に2枚目の薄い下面板をもつ。その間のスペースは、メルカバ1と2では燃料タンクに使用されている。メルカバ3ではこのスペースには空気が満たされている。空気は液体よりも容易に衝撃波を伝達させない。追加装備の増加下面板も使用可能だが、これはグランドクリアランスを少なくするので、あまり装着されることはない。

火力

すべてのメルカバ3は、イスラエル製のサーマルシュラウド付きの120mm滑腔砲を搭載している。車長と装填手はそれぞれ自身の砲塔天井装備7.62mm機関銃をもつ。主砲マントレット上に12.7mm機関銃を搭載することができる。これは訓練目的と都市戦闘に使用される。すべてのイスラエル国防軍戦車同様、敵歩兵に対して使用するために、60mm天井装備迫撃砲が搭載されている。

メルカバ3バズは、メルカバの初期のバリエーションに比べると、精度が向上している。砲手用サイトはレーザー測遠機とともに独立して安定化されており、12倍の倍率の昼間チャンネルに加えて5倍の倍率の赤外線映像サイトを有する。バズ火器管制システムは、メルカバ自身が高速で移動してさえ、移動する目標にロックする自動追尾装置と統合されている。追尾装置は目標の移動を予測し、地形により一時的に見失っても再ロックする。洗練された火器管制システムと自動追尾装置を組み合わせれば、徴兵された乗員にも高い砲精度で目標捕捉を可能にする。このような自動追尾装置の速度は、戦車がヘリコプターを捕捉し交戦することを可能にする。

メルカバ3バズ・ドル・ダレットは、同じ火器管制システムを有するが、車長用に追加の分離した安定化サイトをもつ。これは戦車が対戦車掃討《ハンター・キラー》任務で、より効率的に作戦することを可能にする。独立した車長用サイトは、メルカバ3バズの初期バージョンにも後付けされている。

メルカバ3バズは、水平に安定化された戦車の床上に搭載されたドラム型の弾薬カセットを有する。ここには5発の即用弾薬が収容され、装填手の仕事量を減少させるのに役立つ。戦車は通常のIMI社製運動エネルギー弾および成形炸薬弾に、歩兵およびソフトスキン車両に対して使用する、フレシェット弾〔訳注36〕も発射することができる。IMI社製成形炸薬弾の最新モデルでは、市場の他の弾薬とは異なり、飛び出し式のフィンを装備している。これは命中精度を大きく向上させる。

訳注36：細い矢羽を多数封入した弾丸。その昔には第一次世界大戦中に、地上掃討用として飛行機から投下された。

機動力

メルカバはアンダーパワーだとよくいわれる。一見したところ、メルカバ3をアメリカ軍のM1A2エイブラムスと比較すると、そういうふうに見えるだろう。メルカバ3バズの重量は約65トンである。そのAVDS-1790パワーパックは1200馬力を生み出し、おおよそ18.5hp/tの出力重量比となる。

M1A2の重量は63083kgであり、そのテクストロン・ライカミングタービンは1500馬力を発生し、出力重量比は23.77hp/tとなる。しかし最初の印象は誤解を招く。エイブラムスがよりすばやく加速し、良好で平らな地形ではより速いのは疑いない。しかしアメリカ人を驚かしたことに、不整地を走行する比較試験では2つの車体の能力には非常に小さな相違しかなかった。その理由は2点ある。

荒れた地上を走破するとき高速走行を主に制限するのは馬力ではなく、乗員が乗車に耐えられるかということである。こうした状況下では、メルカバの洗練されたサスペンションシステムは、同等以上の能力を発揮する。メルカバの転輪はより大きな垂直移動距離をもつ。バンプとリバウンドが604mmであり、その競争相手より大きい。その優れたショックアブソーバーとの組み合わせによって、メルカバは荒れた地上ではその乗員を傷つけたり不愉快にさせることなく、他の近代的主力戦車より高速で走行することができる。

現実ではトランスミッションの効率が機動力に大きく影響する。M1A1のアリソン社製トランスミッションは、その1500馬力の出力のうちおおよそ1000馬力しか起動輪に伝達することができない。メルカバのエンジンの発生するかなり低い馬力にもかかわらず、イスラエル企業のアショット社が製作したそのトランスミッションは、M1A1の数字にあと20馬力以内までを伝達できるのだ。

すべてのメルカバ3は同じベーシックなパワーパックとトランスミッションを有している。メルカバ3バズから先は、エンジンが改良されているが、これはオーバーホール間隔が拡大されていることを意味する。メルカバ3バズ・ドル・ダレットは、全金属サスペンションユニットおよび転輪をもつ。これは耐久性を増加させ、熱放射を減少させる。

メルカバ3バズの運用

メルカバ3バズは、1995年に運用が開始された。メルカバ3バズ・ドル・ダレットは、2000年に運用が開始され、バラク旅団に加わった。この部隊はイスラエル最高の機甲部隊のタイトルを第7旅団と競っている。

実際のタイプは機密となっているが、4両のメルカバ3が、ガザ周辺のパトロール中に失われた。これらはすべて道路脇の50～100kgの爆薬に破壊されたものである。最初の車両は2002年2月14日に、2両目は2002年3月14日に爆破された。さらに2両は2003年2月に即席地雷によって失われた。

バリエーション

メルカバ3の装甲パッケージは本質的にモジュール式なので、戦車のさらなるアップグレードはおおいにありうることである。唯一機密が解除されている大きなバリエーションは、メルカバ3をベースにして砲塔を撤去しクレーンに取り替えた、装甲回収車のプロトタイプである。

未来はここに——メルカバ4

The Future is Here — The Merkava 4

2002年6月、イスラエル国防軍はその最新戦車、メルカバ4を公開した。この車体は巨大な野獣であり同車の初期型と同一の仕様をもつ。メルカバ4の初期型との大きな違いは、完全にデジタル化されていることである。車体の電子機器、センサーそしてコンピューターは、すべて統合化されており、戦車の戦闘能力が向上している。

防御力

メルカバ4に装着されたモジュラー装甲は、アクティブおよびパッシブ要素の双方が組み込まれていると考えられている。装甲の表面では外観のアクセントとなった多数のボルトとリベットが注目される。対戦車ミサイルはますます戦車の比較的薄い天井の装甲を目標とするべく設計されるようになってきているので、頭上攻撃に対する防護を与えられるよう多くの考慮が払われている。装填手用砲塔ハッチは廃止された。メルカバ4はそれをもたない最初の現用戦車となった。ハッチが省略された理由は、砲塔天井の開口部が防護レベルを落とすからである。

発達型電磁気式警報システムが標準となった。現在のところ戦車には発煙弾発射器群が装備され、車体が敵照準レーザーに照射された場合にその位置を見えなくするため使用される。また、将来はより包括的なアクティブディフェンスシステムが装着されうる。これは敵の対戦車ミサイルを飛行中に探知し、それを無効化するよう弾丸を発射するものとなろう［訳注37］。

マーク3標準から先のすべてのメルカバのように、加圧式NBC防護システムが組み込まれている。メルカバ4のNBCシステムではさらに個人用の空調を乗員位置に備えており、乗員の快適性は向上している。

訳注37：同様のシステムに、ロシアが開発したアリェーナがある。これは対戦車ミサイルを探知したらその方向に一種の散弾を発射して破壊するというものである。

火力

戦車には現地生産の発展型120mm滑腔砲が搭載されている。同砲は現用の他の120mm砲より、高い腔内圧力で取り扱うことが可能となっている。このことは運動エネルギー弾の初速を増大させることを可能にし、より高い貫徹力を与える。通常タイプの運動エネルギー弾と成形炸薬弾が携行される。軟目標に対して使用するための、フレシェット弾および対人／対物両用弾も用意されている。10発の即用弾が装填された新型の半自動弾倉が、装填手を補助するために装備されている。

メルカバ4は最新鋭の火器管制装置を装備している。車長および砲手は、発達型赤外線映像装置を備えた、完全に独立し安定化されたサイトをもつ。目標捕捉および破壊は、バズ自動追尾装置の高度発展型バージョンによって容易となっている。

エルビット社製の洗練された戦場管理システムが、戦車には組み込まれている。電子、光学センサー、航法装置および通信装置からの情報がこの装置によって統合される。データはフラットパネル・カラースクリーンディスプレイに表示され、乗員は情報をよりすばやくアクセスし理解することができる。

戦場管理システムは、メルカバ4の乗員に良好な状況認識を与えてくれる。リアルタイムのデータは、個々の乗員間だけでなく戦車間で共有される。統合された車両エレクトロニクスは、車長が敵の意思決定サイクルに割り込むことを可能にし、目標が反応する前に、捕捉し破壊することができる。

先進型火器管制システムおよびセンサーは、新型砲発射ミサイルLAHAT〔訳注38〕の使用を容易にした。LAHATは、長射程の精密誘導兵器で、セミアクティブ・レーザーホーミング〔訳注39〕を使用している。LAHAT弾体は1mほどの長さで、大きさはほぼ標準的戦車砲弾程度だが、その有効射程は2倍もある。

LAHATは戦車と攻撃ヘリコプターの双方に対して発射することができる。ミサイルは、戦車に対して発射されたときは、高く上がってトップアタック方式で飛行し、敵装甲車両の脆弱な上面を目標とする。ヘリコプターに対して発射されたときは、フラットな弾道で飛行する。ミサイルを発射する戦車は目標を指示——あるいは目標が視野の外にある場合は他の戦車が目標を指示——することができる。これは戦術的柔軟性を増大させる。

LAHATは105mmあるいは120mm砲のどちらを装備したメルカバでも使用することができる。ミサイルは105mmの直径をもつが、より大きな口径の火器から発射できるように適合させることが容易にできる。

訳注38：戦車砲から発射されるイスラエル製対戦車ミサイル。同様のミサイルは以前よりロシア軍のT-72、T-80戦車およびBMP-3でも使用されてきた。これらは一般の戦車砲弾同様に戦車砲から発射することができ、正確に目標に誘導され戦車砲弾より長い射程をもつ。
訳注39：目標にレーザーを照射し、ミサイルはその反射波に向かって自動的に誘導される。

機動力

65トンの本車は新型の1500馬力ドイツ製パワーパック、GD833を、アメリカのジェネラル・ダイナミックス社が製作したものを装備している。また新型のレンクRK325自動トランスミッションをもつ。戦車のサスペンションシステムは、メルカバ3のもののアップグレード型である。イスラエル国防軍は、最小限度の乗員の不快感で、システムの損傷時にも、荒れ地を60km/hで横切ることができることを要求仕様としている。

メルカバ4には、4基のカメラが戦車の装甲に埋め込まれている。これは操縦手に、前方の死角から戦車の側方、後方を含めて全周の視界を、高解像度モニター上に与えてくれる。操縦手は彼の任務をより容易に、ハッチを閉めた状態でさえ行うことができる。

メルカバ4の運用

厳しい運用前試験の後、本車は2003年1月末に正式に生産に入った。本車は予算の許容する範囲にしたがって、ゆっくりと完全運用に入るだろう。

バリエーション

バリエーションは知られていない。しかし財源が許せば、戦車車体は新しい重APCのベースとなるだろう。

CONCLUSION

結論

イスラエルは20年にわたって価値ある精力的な努力を行ってきたが、それは高い生存性をもつ歩兵運搬車両と戦闘工兵車両の導入を見ることになった。同時にそして制限された予算にもかかわらず、製造者の予想を越えて旧式戦車の能力を向上させた。こうした任務を遂行する一方で、彼らは自らの革新的な戦車の設計を更新し、それはおそらく現在運用されている中で最も近代的な主力戦車、メルカバ4として結実した。彼らの達成したものは、これらが相まって、非常に印象的なものになったのである。

イスラエル戦車の戦術マーキング

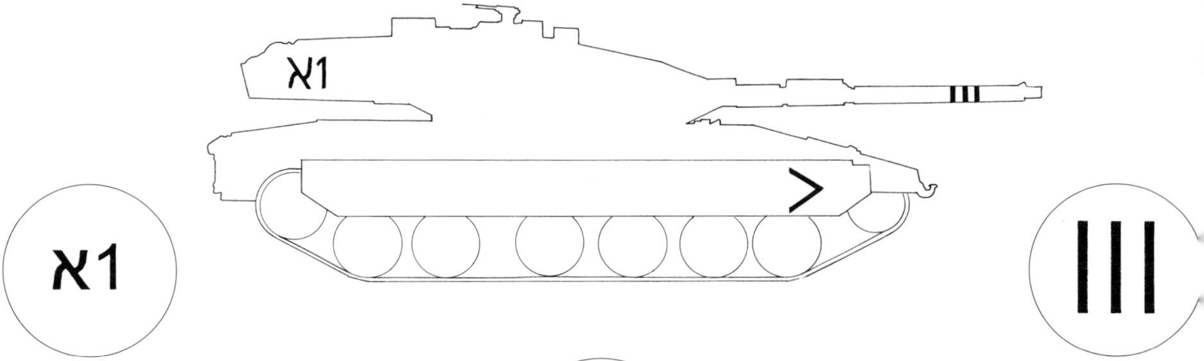

1. 砲塔上に見られる白の小隊マーキング。これらはヘブライ語のアルファベット文字の、アレフ、ベート、ギメルあるいはダレットと数字からなる。文字は小隊内の戦車の名称を、数字は小隊を示す。このマーキングは、本車が第1小隊のアレフ車であることを示している。

2. 中隊マーキングは白のシェヴロン（楔形）からなり、戦車のサイドスカートに見られる。∨は戦車が第1中隊にあることを示す。＞は戦車が第2中隊にあることを示す。∧は戦車が第3中隊にあることを示す。＜は戦車が第4中隊にあることを示す。本車は第2中隊に所属している。

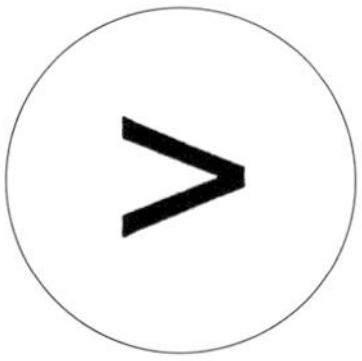

3. 大隊マーキングは、白の砲身リングに見られる。これは戦車が所属している母旅団のどの大隊にあるかを示している。1本の白のリングは第1大隊、2本の白のリングは第2大隊、3本の白のリングは第3大隊を示している。本車は第3大隊に所属している。

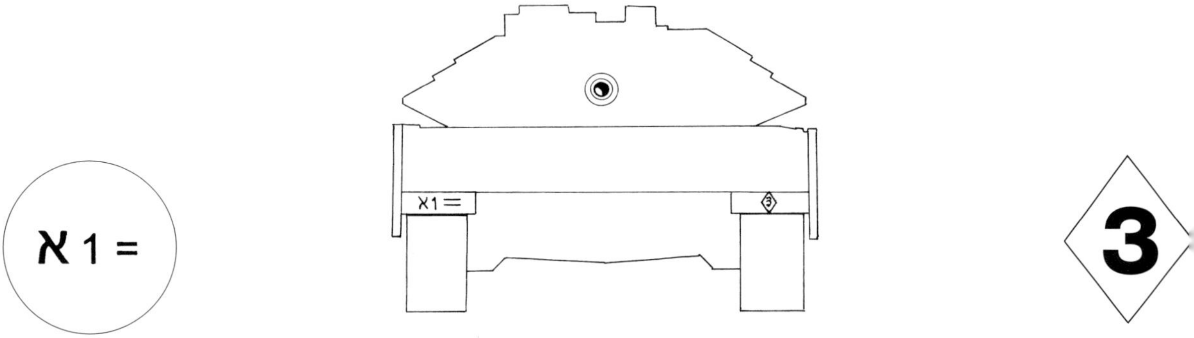

4. 小隊および中隊の情報を示す白の一群のマーキングは、戦車の前後のフェンダーに表示されるが、しばしば省略されあるいは泥と埃で見えにくくなる。マーキングは戦車の中隊、小隊そして小隊内の名称を示す車体の側面にも見つけられる情報を繰り返している。サイドスカートに見られる向きを変えるシェブロンに代えて、ここでは中隊マーキングは平行な水平の線で表されている。1本は第1中隊、2本は第2中隊などなどといったぐあいだ。

5. 大隊および旅団の情報を示す白の一群のマーキングは、戦車の前後右側のフェンダーに表示されることになっている。しかし、しばしば省略されあるいは見えにくくなる。右側フェンダーの一群のマーキングの意味は、完全には解読されていない。これらは様式化された型枠の中の数からなっている。典型的なものは菱形、5つの尖端をもつ星型、三日月あるいは四角形である。数字の3は戦車砲身のマーキングに対応したもので、大隊を表すものと考えられる。形は帰属する母旅団に対応したものと考えられる。

カラー・イラスト解説 color plate commentary

A1：南部ネゲブ砂漠での演習におけるアチザリット 1997年春

低姿勢のアチザリットは、ゴラン高原からダマスカス間に構築されたシリア軍の恐るべき防衛陣地帯を通過して歩兵を輸送するよう設計された。ここではその特徴的な後部のクラムシェル（貝殻）型乗降口は、引き上げた位置に描かれている。アチザリットのラファエル頭上火器システムは、敵歩兵に対して有用な能力を提供する。射手は火器を装甲下から遠隔操作で、あるいは直接に彼の頭と肩を曝して射撃することができる。このアチザリットは苛酷に使用されたことを明瞭に示している典型的な例である。転輪はかなり摩滅、損耗し、一方左から4番目の転輪上のエンジン排気口には、厚くススがこびりついている。アチザリットは登録プレートの外には、ほとんど恒常的なマーキングを有していない。必要な場合、車体側面に一時的なマーキングが施される。車体のオリーヴドラブのカラースキムは、砂漠の泥で覆いつぶされている。

A2：上ガリラヤにおけるプーマ戦闘工兵車両　1995年

戦闘工兵部隊に所属し、南レバノンのイスラエル占領地域を恒常的にパトロールしていた車体。追加式パッシブアーマーを装備したプーマは、この任務に適していることが明らかになった。サイドスカート前方部分をなす重特殊装甲部位に注目。描かれたプーマは、典型的なマーキングを有する。一番左のシンボルは、「ハンダッサ・クラビット」、つまり戦闘工兵のものである。ヘブライ語のベートと1は、この車体が第1小隊のB号車であることを示している。そして下部のシェヴロンは、本車が大隊の第1中隊に属することを示す。本車はイスラエル軍スタンダードのオリーヴドラブで塗装されている。この色は、光線と天候状況によって、微妙に色調が異なって見える。

B1：リアクティブアーマー未装着のナグマチョン 2000年秋

ナグマチョンは、センチュリオンをベースにした「カンガルー輸送車」で、低強度紛争（LIC）下で使用するのに適したように設計されている。イラストの車体はとくに戦闘で損耗しており、再塗装と摩耗した走行装置の修理が必要である。車体は現在のほとんどのイスラエル国防軍車両に典型的なオリーヴグリーンに塗装されている。すべてのナグマチョン同様に、この車体の外装は乱雑で見苦しい外観をしている。このナグマチョンはアップリケ・リアクティブアーマーブラケットが取り付けられていないことに注目。これらは前部と戦闘室前面に装着されるはずである。ここに見られるように、リアクティブアーマーモジュールは車体側面に沿って見える、サメのエラのような溝の中にも押し込むことができる。各々の特殊装甲サイドスカートには、その母車を識別するための番号が描きこまれている。番号は通常登録番号の下3桁から取られる。予想される脅威のレベルに応じて、アップリケ・アーマーのいくつかは省略される。これは重量を減らし、それによって機動力を改善するために行われる。

B2：ガリラヤ、エルヤキム基地におけるナクパドン 2000年秋

エルヤキム基地では、レバノン国境に沿って警備任務を行うよう配置されるイスラエル兵の対ゲリラ作戦訓練が行われている。訓練スケジュールの一部として、イスラエル国防軍歩兵は重歩兵輸送車について知識を得る。最新のセンチュリオンベースの輸送車が、ナクパドン低強度紛争用輸送車である。このナクパドンは、その強靭なサイドスカートをよく示している。サイドスカートの前面パネルは内向きに折り畳む［訳注：ヒンジを中にして、つまりイラストでいえば外側に折り畳む］ことができ、車両の走行装置にアクセスできるようになっている。サイドスカートの後部のパネルは、前部に取り付けられているものに比べて、軽量な構造となっている。これらはここに見られるようにヒンジによって垂直に持ち上げることができ、車体から兵員が降りるときのカバーとなる。イスラエルは車体の生存性向上に大きな努力を図っている。消火システムの緊急トリガーが車体前部の

1997年、ネゲブ砂漠で演習中のアチザリット。ラファエルOWSには、FN7.62mm機関銃が搭載されている。乗員は防弾ベストを着用している。登録プレートを除いて、車体には戦術マーキングはない。

色あせた赤い覆いの下に見える。車体後部に立っている大きなアンテナは、ECM（電子戦、電波妨害）に使用されるものである。その目的は、道路脇の爆薬を爆発させるために送信される信号を遮断することである。発煙弾発射器が車体側面両側に取り付けられている。泥から発射器の前面をカバーするため、シムショニットとして知られる丈夫な布がかけられている。

最近数年のほとんどのイスラエル国防軍車両は全面シナイグレイのカラースキムから、もっとはっきりしたオリーヴドラブの色調のものに移行している。しかしナクパドンは、この例のようにシナイグレイに塗装される傾向があるようだ。車両の車体部分に塗装された塗装は滑らかな仕上げなのに対して、アーマーモジュールはざらざらした肌合いとなっている。イスラエル軍AFVは、けばけばしい戦術マーキングをもたない傾向がある。このルールの例外として、この輸送車はスカイブルーの識別帯をつけているが、ナクパドン部隊にはユニークなものである。

C1：パレスチナの町、トゥル・カレムの近くを警備するマガフ7A　2002年7月

イラストはマガフ7Aのかさばり厚板の側面をもつ砲塔形状を示している。本車は、パレスチナの第二次インティファーダで、RPG火力に少なくとも前部は無敵であることを示し、有用であることが証明された。マガフ7Aは、各々10発の弾丸を装填した、2基の大きなIMI擲弾発射器を装備している。砲塔の戦術マーキングは、本車が第1中隊2号車であることを示している。上を指したシェヴロンは、大隊の第3中隊に所属していることを示している。主砲に塗装された1本の帯は、マガフが母旅団の第1大隊の一部であることを示す。戦術マーキングとそれをどう解読するかは、48頁の解説全文を読まれたい。主砲のリングとシェヴロンには黒の縁どりが付けられ、その視認性を高めている。車体はオリーヴドラブに塗装されている。

C2：エジプト国境近くで演習を行うマガフ7C　2000年秋

エジプトとの平和条約にもかかわらず、イスラエル国防軍はその機甲兵力の大部を、シナイ半島の近辺に保持した。これはひとつにはイスラエルのネゲブ砂漠が訓練場所を提供したことと、もうひとつは抑止のためである。かなり老朽化したマガフは、より近代的な主力戦車の能力をもてるレベルまでアップグレードされた。マガフ7Cのこのイラストは、砲塔に取り付けた重・楔形のアーマーモジュールを示している。良好な被弾経始とともに、このモジュールはこの戦車に、その老齢を偽る近代的な外観を与えている。車体はオリーヴドラブに塗装されているが、そのほとんどは黄色っぽい砂漠の埃の古つやに覆われている。本車の戦術マーキングは、第1中隊第1小隊のギメルすなわちC車体であることを示している。砲身の2つのリングは、母旅団の第2大隊に所属することを示している。

D：アチザリット

イラストに示されたアチザリットは、1997年にゴラン高原で撮影されたものである。この車体にはほとんど戦術マーキングがない。存在する白の2と上向きのシェヴロンは、この車体が第3中隊第2小隊所属であることを示している。車体の前部右側の浮き出した箇所は、射手を勤める乗員の位置である。ここには主統合サイトと8倍のL字型サイトがある。前者は左側である。コントロールボックス、弾薬セレクターおよび関連システムは、サイトの右側と上に収容されている。弾薬収容部は火器ステーションの下左側と、車体の右側面に沿った場所にある。車長位置は車体前部の中央である。車長にはいっさい視察ブロックはなく、座席を上げて頭をハッチの上に出して、あるいはハッチを適当な防護と視野が得られる「傘位置」にして、車体の戦闘を行う。操縦手位置は比較的にシンプルで粗雑である。使用できる予算は、高級なトランスミッションとパワーパックに消費されてしまい、操縦手のハイテク化には使われなかった。

兵員はシンプルな、薄いパッドのベンチと座席といったものに座る。左側には3名用のベンチがある。このベンチのすぐ右後ろには1名用座席がある。さらに3つの追加の折り畳み式座席が、車体右側面に沿っている。兵員室内の移動の便を図るために、天井からキャンバスあるいはナイロン製の取っ手がつるされている。汚れた室内に見える赤く塗られたセンサーおよびキャニスターは、スペクトロニック火災検知、消火システムに関連するものである。黒い蛇腹のチューブは、車体のNBCシステムに関連するものである。

E1：レバノン国境沿い、第4世代の装甲を装備したメルカバ2　2000年7月23日

このメルカバ2Bドル・ダレットの車体には、はっきりした追加防護の様子が示されている。砲塔側面に装着された装甲モジュールは、下に広がりメルカバ2の潜在的弱点であるターレットリングをカバーしている。サイドスカートが上に延長されたのに加えて、その盛り上がった後部形状はターレットリングをさらに防護するためのものである。車体には通常のオリーヴドラブが塗装されている。目に見える主要な戦術マーキングは、白の1本の砲身リングで、本車は母旅団の第1大隊に所属していることを示している。

E2：西岸地区で行動中のマガフ6Bバタシュ　2002年夏

マガフ6Bバタシュの砲塔は追加装甲によって、湾曲した形状を与えられている。装甲はハイブリッド型で、アクティブおよびパッシブ要素から成る。成形炸薬弾に

対して適するように設計されており、反乱鎮圧戦闘に適当である。戦術マーキングのヘブライ語のベートと数字の3は、本車が部隊の第3小隊のB車であることを示している。本車は標準的なオリーヴドラブに塗装されており、展開する地域の埃がいつものように車体表面の一部を覆っている。

F1：テル・ハ・ショメル兵器廠で査閲を待つ
メルカバ3バズ・ドル・ダレット　2002年12月

洗練された火器管制システムを搭載したメルカバ3バズは強力な相手だ。これは初期のメルカバ3に、バス火器管制システムと第4世代のアップリケ・アーマーを砲塔側面に取り付けて、アップグレードしたものである。第4世代の装甲モジュールは、戦車にメルカバ2Bドル・ダレットと似た外形を与えている。しかし後者のモジュールは、鋭い角度で下に延長されてはいない。メルカバ3に使用された120mm砲に加えて、より丸く膨らんだ砲口排煙器を備えている。これはすばやく識別するための有用な手がかりを与えてくれている。メルカバ3は標準的なオリーヴドラブに塗装されている。戦車の上面は、滑り止めの表面になっている。細かい砂粒を塗料に加えて、ざらついた肌合いの仕上がりを与えている。

F2：ゴラン高原のナファチ交差点で撮影されたバラク旅団のメルカバ3バズ・ドル・ダレット　2002年12月

ナファチで戦車輸送車両に搭載されたところが見られた一群の戦車のうちの1両のメルカバ。1973年10月戦争の激しい戦闘のいくつかは、ここで生起した。戦術マーキングは白で転写され、マーキングを遠くからでも目立つような効果をもたらす縁どりとして黒の薄い線が使用されている。ヘブライ語のダレットと数字の1は、本車が第1中隊のD車であることを示し、戦車のサイドスカート上の上を向いたシェヴロンは、本車がこの部隊の第3中隊に所属することを示している。砲塔側面のマーキングは、より一般的な布のパネルではなく、普通と異なり硬質のプラスチックスクリーンに描かれている。母部隊は、エリートの第188旅団——通常「バラク」（電光）旅団として知られる——と考えられる。

G1：前面から見たメルカバ4　2002年秋

このメルカバ4の前面は、本車が初期のモデルと対照的な形状をしていることを示している。前部の左側面にはエンジンのバルジはなく、砲固定具は中央に配置されている。そして砲塔側面は形状、角度、寸法がそれぞれ同様となっている。砲塔側面の新しい形式の発煙弾発射器と、天井の多数のセンサーと光学機器に注目。砲塔は以前の本車のモデルで見られた楔型形状よりさらに幅広である。左泥よけの戦術マーキングは、ヘブライ文字のアレフを示し、数字の1そして1本の水平の白い線が続く。これは本車が第1中隊第1小隊1号車であることを意味している。右泥よけには四角形に入った数字の1がある。これは本車が旅団の第1大隊に所属することを示している。戦車の装甲の表面は、埃を集める磁石の働きをする小リベットとボルトであばたになっている。車体はそのオリーヴドラブに対して、退色したシナイグレイの塗装で、灰色っぽい色合いになっている。

G2：ネゲブ砂漠のサヤリム基地におけるメルカバ4
2002年冬

メルカバ4は、以前のタイプと非常に異なる砲塔形状を持っている。この外形は、設計者がトップアタックミサイル［訳注：一般的に戦車の脆弱な上面を攻撃するように設計されたミサイル。スウェーデンのBILLが有名］の増大する脅威に対抗するよう努力した結果、進化したものである。砲塔天井の3つの箱は、左から右に、車長用サイト、砲手用サイトおよび戦車の防護補助スーツの一部である。レーザー警報検知器は、砲塔側面および前部に装着されている。典型的だが車体にはいくつかの戦術マーキングが欠けているが、サイドスカートに描かれた下向きのシェヴロンは、本車が第1中隊に属することを示し、砲身の回りに描かれている1本の白のリングは、本車が母旅団の第1大隊に所属することを示す。砲身の上に沿って塗装された白の帯は、夜間に砲身の位置の目で見る基準として働くものと考えられる。

◎訳者紹介　山野治夫（やまのはるお）

1964年東京生まれ。子供の頃からミリタリーミニチュアシリーズとともに人生を歩み、心も体もすっかり戦車ファンとなる。編集プロダクションに勤め、PR誌編集のかたわら、原稿執筆活動にいそしむ。外国の戦車博物館に出向き、資料収集にも熱心に取り組んでいる。

オスプレイ・ミリタリー・シリーズ
世界の戦車イラストレイテッド　**33**

イスラエル軍現用戦車と兵員輸送車
1985-2004

発行日　2005年6月11日　初版第1刷

著者　マーシュ・ゲルバート

訳者　山野治夫

発行者　小川光二

発行所　株式会社大日本絵画
〒101-0054　東京都千代田区神田錦町1丁目7番地
電話：03-3294-7861
http：//www.kaiga.co.jp

編集　株式会社アートボックス
http：//www.modelkasten.com/

装幀・デザイン　関口八重子

印刷/製本　大日本印刷株式会社

ISBN4-499-22877-8　C0076

Modern Israeli Tanks
and Infantry Carriers 1985-2004
Marsh Gelbert

First Published In Great Britain in 2004,
by Osprey Publishing Ltd, Elms Court,
Chapel Way, Botley Oxford, Ox2 9Lp.